SCIENTIA

Décembre 1902

SÉRIE BIOLOGIQUE

N° 17

LES PHÉNOMÈNES DES MÉTAMORPHOSES INTERNES

PAR

J. ANGLAS

Docteur ès sciences.

TABLE DES MATIÈRES

LES PHÉNOMÈNES

DES

MÉTAMORPHOSES INTERNES

INTRODUCTION

1. Transformation et métamorphose. — Il importe, avant d'exposer un sujet, de le bien définir, et de préciser les termes dont il sera fait usage. Cette nécessité s'impose particulièrement à propos des métamorphoses; qui ont fait l'objet de tant de recherches, et dont la complexité ne cesse d'exercer la sagacité des travailleurs.

Nous ne pouvons mieux faire que de rappeler ici la distinction fondamentale que M. Giard, l'éminent professeur à la Sorbonne, posait dès 1876, entre la transformation et la métamorphose proprement dite [1].

Il y a *métamorphose* ou *métabolisme* quand le changement de forme résulte de la destruction d'un organe par la mort et la régression sur place des plastides qui le composent, et s'accompagne de l'utilisation des matériaux de dégénérescence, ceux-ci servant à la construction d'organes nouveaux, ou au développement d'organes existants. On en trouve des exemples dans la disparition des branchies externes des Batraciens, l'atrophie musculaire de la queue de leurs Têtards, dans l'évolution des Ascidies, des Bryozoaires, des Trématodes, des Echinodermes, etc. Parmi les Arthropodes, il faut citer les

(1) A. Giard. *Les faux principes biologiques.* Revue scientifique; 18 mars 1876, p. 280. — A. Giard. *Transformation et métamorphose*; Comptes rendus. Soc. Biol., 1898. p. 956-958.

Insectes holométaboliens, dits à métamorphoses complètes — (bien que tous leurs organes ne subissent pas de dégénérescence pendant la nymphose) —; certains Acariens (Hydrachnides, Trombidides), et quelques Crustacés, (Cryptonisciens Choniostomatides, Herpyllobides et Cirrhipèdes Rhizocéphales).

Si la modification est graduelle, grâce à la multiplication et à la différenciation des plastides, l'élimination des anciens éléments se faisant uniquement par le jeu des fonctions sécrétrices et excrétrices, ces phénomènes constituent une simple *transformation*. C'est le cas de l'Axolotl, avant sa métamorphose en Amblystome, celui des Cténophores, des Nématodes, des Chætognates, et des Insectes hémimétaboliens.

Des travaux particulièrement nombreux ayant eu les Insectes pour objet, nous parlerons surtout, dans ce petit livre, des résultats obtenus d'après les holométaboliens. Ils nous serviront de terme de comparaison avec ce que l'on connaît chez les autres êtres qui présentent des métamorphoses.

2. **L'histolyse et l'histogénèse.** — Si l'on ouvre une chrysalide ou, plus généralement, une nymphe d'Insecte, on ne retrouve point, à la dissection, les organes larvaires, car ceux-ci se sont réduits en une sorte de bouillie : ce phénomène a reçu de Weissmann le nom d'*histolyse*.

Aux dépens de cette masse informe et non disséquable se reconstruisent de nouveaux organes, dits *imaginaux*, le mot *imago* désignant l'Insecte parfait : ce second phénomène est l'*histogénèse*. Il semble, à première vue, que l'on soit en présence d'un recommencement, d'une nouvelle embryogénèse distincte de la première.

Le microscope montre que cette bouillie n'est pas inorganisée, mais qu'elle contient des plastides, ou éléments cellulaires. On peut dès lors chercher la relation entre les tissus anciens et les tissus de nouvelle formation, entre l'histolyse et l'histogénèse.

Difficultés de cette étude. — Le problème était des plus ardus : malgré le nombre considérable des travaux parus à ce sujet depuis 1864, et surtout depuis une quinzaine d'années, bien des questions, très importantes, restaient encore sans solution, ou plutôt, des observateurs également autorisés soutenaient simultanément des interprétations contradictoires.

Les difficultés sont multiples. Tout d'abord, les tissus en voie d'histolyse ou d'histogénèse n'ont pas la netteté de structure qu'on leur voit chez la larve ou chez l'adulte. C'était déjà un gros obstacle à l'époque où la technique histologique n'avait pas atteint sa perfection actuelle. Il faut ensuite un long apprentissage pour bien « lire » les coupes et ne pas confondre des éléments parfois fort différents, malgré certaines analogies superficielles. — Enfin, il ne s'agit pas seulement d'observer des tissus d'une manière statique, et au seul point de vue morphologique : il faut les suivre dans leurs transformations, et les étudier au point de vue cinématique. Or, cela n'est possible qu'en comparant de nombreux stades consécutifs ; mais les phénomènes embryogéniques sont souvent très rapides ; les transitions, même entre des stades assez rapprochés, sont parfois trop brusques, au moins pour quelque organe. Ici encore, la nécessité d'une interprétation risque de faire dévier l'observation vers la théorie.

Nous devons ajouter que les phénomènes sont loin d'être identiques pour tous les tissus, et quelquefois, pour les différentes régions d'un même tissu chez le même type. Aussi les observations des auteurs sont-elles d'une comparaison souvent difficile, tant pour mettre en évidence leur accord que leurs contradictions.

D'autres éléments sont encore venus compliquer la question ; d'une part, l'étude comparée de la métamorphose interne chez d'autres êtres que les Insectes ; et, d'autre part, l'esprit de systématisation qui, si légitime en soi, amène parfois les observateurs à chercher une loi, une formule générale trop simple, expliquant tous les phénomènes. Si cette tendance est souvent nécessaire au progrès des sciences, ici, au contraire, toute conception *a priori* risque d'entraîner à des erreurs d'interprétation.

3. **Etat actuel de la question.** — L'histolyse fut d'abord décrite, par Weissmann, puis par Viallanes, comme une désagrégation des cellules larvaires en éléments plus petits.

Après que Metchnikoff eut découvert le phénomène de la phagocytose, par lequel des éléments mésodermiques migrateurs sont capables d'englober et de digérer, soit des ennemis de l'organisme (bactéries), soit des éléments mortifiés et hors d'usage, Kowalewsky (1), puis van Rees (2) retrouvèrent, dans l'histolyse des muscles de Diptères, au moment de la métamorphose, une phagocytose très intense. On généralisa bientôt, et il fut classique d'enseigner que les métamorphoses s'accomplissaient chez les Insectes par le processus phagocytaire.

Mais de nombreux observateurs, parmi lesquels Rengel (3), Korotneff et de Bruyne, montrèrent que, dans bien des cas, l'histolyse se produisait sans intervention d'éléments migrateurs, de leucocytes, et, par suite, sans phagocytose : il s'agirait d'une simple régression chimique spontanée.

La régression chimique eut à son tour, comme la phagocytose, des partisans absolus. Récemment un auteur russe, Karawaiew, concluait de ses études sur *Lasius niger*, que les phagocytes ne jouaient aucun rôle dans l'histolyse chez la nymphe des Hyménoptères. En 1901, le professeur A. Berlese arrive aux mêmes résultats pour les Insectes en général, après avoir étudié des types choisis dans les différents ordres.

Naguère encore, au milieu de ces opinions contradictoires, il eût été difficile de se former un avis sérieusement motivé. Mais, dans le cours de ces dernières années, ont paru un nombre considérable de travaux et de publications diverses, qui, sans résoudre entièrement le problème, permettent d'en connaître les éléments essentiels. En les exposant dans cet ouvrage, nous nous efforcerons de dégager les résultats véritablement acquis à la science. Quant aux divergences de vues, — et qui sont souvent plus apparentes que réelles, — nous les ferons connaître, en faisant accompagner la critique de quelques illustrations indispensables.

4. **Le mécanisme et le déterminisme de la métamorphose.** — Tout phénomène évolutif peut être étudié à deux points de vue : celui de la cinématique et celui de la dynamique ; autrement

---

(1) Kowalewsky. *Zool. Anzeiger* 1885 ; *Biol. Centralblatt* 1888 ; *Zeitschrift. f. Wiss. Zool.* 1889.

(2) Van Rees. *Zool. Jahrbucher von Spengel* (*Anat. u. Ontog*) ; Bd. III ; 1889.

(3) Rengel. *Zeitsch. f. Wiss. Zool.* — Les autres indications bibliographiques seront données plus loin.

dit, on peut rechercher sa manifestation ou sa cause, son mécanisme ou son déterminisme. Les morphologistes s'appliquent surtout à la première partie du problème, et les physiologistes à la seconde ; mais les deux questions sont intimement liées l'une à l'autre. Les résultats des histologistes ont souvent soulevé des questions de biologie pour lesquelles des expériences ont été faites ou reprises avec un nouvel intérêt : la réciproque serait également vraie.

Plan de ce livre. — Ce qui précède justifie le plan que nous adoptons. Commençant par le moins complexe, nous décrirons d'abord des phénomènes simples d'histogenèse, précédés d'une histolyse nulle ou minime : ils ne sont, par suite, qu'une continuation de l'embryogenèse, une transformation plutôt qu'une métamorphose. Nous passerons ensuite à l'histolyse dont nous dégagerons les caractères essentiels, puis à l'histogenèse au dépens de tissus ayant subi une histolyse. Enfin, un chapitre sera réservé au déterminisme de la métamorphose.

Ces divisions sont forcément un peu arbitraires, car les phénomènes d'histolyse peuvent présenter tous les degrés d'intensité ; ils sont, de plus, contigus à ceux de l'histogenèse.

CHAPITRE PREMIER

HISTOGÉNÈSE PRÉCÉDÉE D'UNE HISTOLYSE FAIBLE OU NULLE

1. **Téguments.** — *Histoblastes, replis et disques imaginaux.* — La présence d'une cuticule inextensible de chitine, sécrétée par l'hypoderme, est la cause des mues qui accompagnent le développement chez tous les Arthropodes. Mais ce fait n'entraîne nullement l'existence d'une véritable métamorphose.

L'hypoderme des larves d'Insectes ptérygogènes présente, de très bonne heure, des épaississements en certains points. Ils sont formés de cellules nombreuses, fort petites, souvent en nombreuses assises; ils sont généralement localisés aux places des futurs appendices céphaliques, thoraciques et abdominaux: mais on peut en rencontrer aussi qui sont produits par l'hypoderme des divers segments du corps.

A ce tissu embryonnaire, qui n'a déjà plus l'aspect d'un tissu larvaire, Künckel d'Herculais a donné le nom d'*histoblastes*. Ce sont en effet des sortes de bourgeons qui serviront de point de départ à la régénération des téguments.

Mais leur disposition est fort variable. Tantôt ils constituent de simples bourgeons à peine saillants; tantôt ils proéminent plus ou moins en se repliant le long du corps; tantôt enfin cette évagination discoïdale est elle-même abritée dans une invagination en forme de crypte (*cavité péripodale* pour les appendices ambulatoires), que referme vers l'extérieur une mince membrane (*membrane péripodale;* voy. fig. 1).

Suivant les cas, on parlera donc de *bourgeons*, de *replis* ou de *disques imaginaux;* les premiers sont les ébauches des appendices de la tête (labre, labium, etc.) et de l'appareil génital (stylets, etc.); les seconds se rapportent aux anneaux somatiques ou aux ailes; les derniers formeront les pattes dans le cas des larves apodes (Diptères, Hyménoptères).

Chez les Diptères toutefois, où la cavité péripodale est entièrement close vers l'extérieur, la paroi externe, ou *lame provisoire*, n'est pas seulement membraneuse : entre ses deux feuillets pénètre du tissu conjonctif, ce qui l'épaissit notablement. Le bourgeon de l'appendice est alors rejeté plus profondément sous les téguments. C'est cette dernière disposition qui, devenue classique, est parfois donnée, mais à tort, comme un schéma général pour tous les Insectes.

Histogenèse des appendices et de l'hypoderme. — Dès le début de la nymphose, l'ébauche des membres, ailes et pattes,

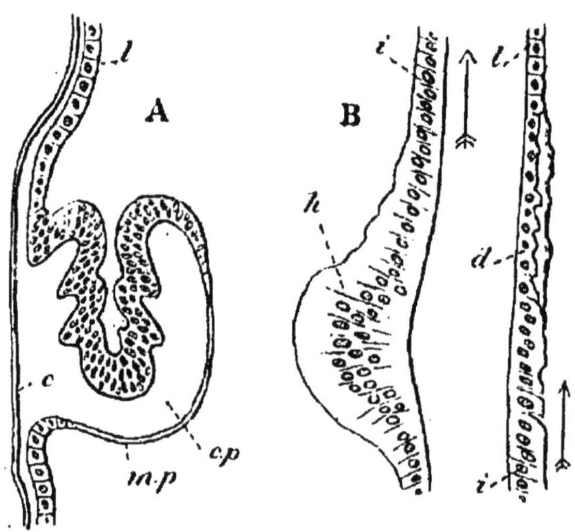

Fig. 1. — A. Formation d'un appendice; *l*, épithélium larvaire; *mp*, membrane péripodale; *cp*, cavité péripodale; *c*, cuticule. — B. Régénération de l'hypoderme; *h*, histoblaste; *i*, épithélium imaginal; *d*, région de raccordement avec l'ancien épithélium (*l*) en dégénérescence. (Les flèches indiquent le sens, d'avant en arrière, suivant laquelle progresse la régénération).

se continue avec activité et s'achève rapidement. Le tégument des pattes, sorties de leur cavité, est le siège d'une active prolifération caryocinétique. Des déplissements en zigzag permettent un rapide allongement aux dépens de l'épaisseur du tégument; les articulations se dessinent. Quant à la membrane péripodale, elle contribue à former la première membrane articulaire.

A l'intérieur de l'appendice, ont pénétré des éléments mésodermiques qui constitueront bientôt des muscles, et toutes les parties internes de l'organe.

De son côté, le tégument est formé par la prolifération et l'extension des replis qui ont apparu à chaque anneau du corps ; cette prolifération, qui peut être diffuse, s'étend surtout, dans chaque segment, d'arrière en avant, jusqu'à rejoindre le repli du segment immédiatement antérieur. Enfin, fait important, la plupart des auteurs s'accordent maintenant à reconnaître que la continuité ne cesse à aucun moment entre le tissu imaginal et le tissu larvaire.

Ultérieurement, l'hypoderme s'imprégnera de chitine; celle-ci forme parfois, à l'intérieur des cellules, un réseau qui leur assure une grande solidité : la pigmentation apparaît en dernier lieu.

Modifications de l'hypoderme larvaire. — Il faut toutefois ajouter que l'hypoderme larvaire a subi une histolyse au moins partielle. Dans nombre de cas, il est distendu par l'accroissement en volume du corps de la larve; de ce fait, il est aminci, et se trouve réduit à une mince membrane dont la structure cellulaire disparaît parfois. Dans d'autres cas, l'aspect cellulaire se conserve mieux, mais on y constate des signes de dégénérescence : le protoplasme devient vacuolaire, et la membrane basilaire se sépare de l'assise hypodermique.

Il est toujours possible de délimiter ce qui est hypoderme larvaire et ce qui est tissu imaginal. Toutefois on observe une zone de raccordement. Van Rees dit que le nouvel hypoderme s'étend sur l'ancien ; il nous semble plus exact de dire qu'il se substitue à lui de proche en proche.

Que se passe-t-il dans cette zone de jonction ? Il est difficile de le définir avec précision ; mais, puisque l'ancien hypoderme n'est pas rejeté, éliminé, il faut bien qu'il soit incorporé par le nouveau, détruit et digéré par lui; peut-être aussi qu'à son contact, les éléments cellulaires qui le composent sont stimulés, et prolifèrent pour former eux-mêmes du tissu imaginal. En réalité, il s'agit simplement ici d'un organe qui se régénère par lui-même.

Éléments dérivés de l'hypoderme. — L'hypoderme larvaire donne naissance de très bonne heure, et parfois dès la période embryonnaire, à des éléments cellulaires assez volumineux qui émigrent dans le tissu conjonctif : nous les y retrouverons sous le nom d'*œnocytes*. Ils sont probablement homologues des *cellules hypostigmatiques* étudiées par Wielowiejski, Tichomirov, Bisson, Verson, et Graber, et nommées ainsi à cause de leur lieu d'origine.

De même que Karawaiew (chez *Lasius niger*), nous avons vu, chez *Apis mellifica* et *Vespa crabro* de grosses *cellules glandulaires* placées immédiatement en dessous de l'hypoderme, ou même encore intercalées entre ses cellules. Mais tandis que l'auteur russe considère ces éléments (*Subhypodermalzellen*) comme des cellules mésoderniques immigrées, il nous a paru qu'elles dérivaient, au contraire, de l'hypoderme, augmentant de grosseur à mesure qu'elles s'enfoncent plus profondément. Ce seraient des cellules épithéliales hypertrophiées, et, pour ainsi dire, éliminées.

Rôle des leucocytes. — Certains auteurs ont décrit une destruction totale de l'hypoderme larvaire, se produisant par intervention de phagocytes. C'est encore ce que Packard reproduit, dans son traité d'Entomologie, comme étant un processus général ; les leucocytes attaqueraient même des cellules en bon état et en engloberaient les débris.

Toutefois les figures schématiques jointes au texte ne sont pas concluantes ; la continuité reste parfaite entre le tissu larvaire et le tissu imaginal ; on voit bien, en dessous, quelques leucocytes, mais rien ne montre qu'ils aient le rôle violent et agressif qu'on leur suppose.

D'autre part, de Bruyne, d'après l'étude de *Musca vomitoria*, affirme catégoriquement que la dégénérescence préalable de l'hypoderme est manifeste, et que l'intervention des leucocytes est tardive ([1]). Chez *Bombyx Mori*, le même auteur ne voit qu'une simple dégénérescence ; enfin, des observateurs récents n'ont vu aucune destruction phagocytaire dans les types qu'ils ont étudiés. Les faits de phagocytose décrits antérieurement demandent donc à être vérifiés ou précisés : si les leucocytes s'emparent de quelques débris hypodermiques, ce ne doit être là qu'un phénomène accidentel, et tout au moins absolument secondaire dans la transformation de l'hypoderme.

([1]) De Bruyne. *Recherches sur la phagocytose dans le développement des Invertébrés*. — Arch. de Biol. de Belgique, t. XV, Fasc. 2, 1898.

Remarque. Si le lecteur se reporte aux traités classiques d'Embryologie, il verra combien l'on accorde une importance exagérée, à notre avis, au processus des disques imaginaux. Ce sont eux, d'après Viallanes, qui reconstituent, tout l'hypoderme larvaire détruit, et cela, d'après un mode identique à celui qui forme les appendices. Les figures classiques ne doivent s'appliquer qu'à certains cas déterminés, comme ceux des Muscides, où les replis imaginaux sont invaginés dans des cryptes, (homologues de la cavité péripodale), et prennent réellement la forme de disques. Encore ces schémas sont-ils inexacts quand ils figurent une discontinuité entre le tissu ancien et l'hypoderme de récente formation.

2. **Système Trachéen.** — *Cas ne comportant pas d'histolyse.* — Ce n'est pas une règle absolue que l'appareil trachéen ne subisse qu'une histolyse faible ou nulle, mais il en est souvent ainsi chez les Insectes holométaboliens. Tels sont les Hyménoptères dont les trachées larvaires ne présentent qu'un surcroît de développement au moment de la nymphose.

Mais lorsque la modification de l'appareil respiratoire doit être considérable, une histolyse, parfois totale, se produira dans les trachées larvaires : c'est le cas des Diptères ou des Lépidoptères. Les processus seront alors analogues à ce que nous décrirons plus loin pour les tubes de Malpighi (p. 14).

Structure des trachées; cellules trachéales. — La membrane péritrachéale, continuation de l'hypoderme invaginé, sécrète un cylindre chitineux à épaississement spiralé qui maintient rigide le tube trachéen. Mais, chez les larves, les trachées et même les deux troncs trachéens latéraux principaux, ont toujours un calibre assez faible; d'autre part, les ramifications trachéennes n'acquièrent pas leur développement définitif.

A l'extrémité de ces ramifications on constate la présence de grosses cellules gardant un aspect embryonnaire ; il en part un ou plusieurs tubes chitineux capillaires; elles sont probablement homologues des *cellules trachéales terminales* décrites par Wielowiejski et Wistinghausen dans les organes lumineux des Lampyrides et les glandes séricigènes des chenilles.

Achèvement de l'appareil respiratoire. — Chez la nymphe, ces terminaisons trachéennes se mettent à proliférer activement, produisant de nombreuses ramifications. On voit de nouveaux tubes capillaires se détacher des cellules trachéales : ils sont en continuité avec les terminaisons trachéennes, sont chitineux sur leur face interne, et possèdent un revêtement protoplasmique dépendant de la cellule trachéale.

Suivant les cas, les terminaisons s'anastomosent avec les voisines, ou débouchent dans des vésicules trachéennes. Quant aux troncs latéraux, ils augmentent considérablement de volume.

Remarque. — Seurat a montré que l'appareil trachéen se conservait également chez les Hyménoptères entomophages [1] : les larves parasites internes (Aphidides, Chalcidides, etc.) ont une respiration cutanée avant l'apparition des trachées. Quand celles-ci prennent naissance, elles forment un appareil entièrement clos ; il est cependant déjà fonctionnel malgré l'absence de stigmates, car l'air dissous dans les tissus liquides de l'hôte, pénètre par osmose dans l'appareil trachéen. Lorsque l'animal sort de son hôte, les troncs stigmatiques se forment, les stigmates s'ouvrent, et l'entrée de l'air se fait normalement de par ces orifices.

On voit, par cet exemple, que des modifications même assez considérables peuvent se produire, sans que l'appareil trachéen présente des métamorphoses véritables précédées d'histolyse.

3. **Œsophage et intestin postérieur.** — Dans aucun cas, les auteurs n'ont, jusqu'à présent, décrit d'histolyse caractérisée dans l'œsophage des insectes. Quant à l'intestin postérieur, il peut présenter ou non de l'histolyse, mais elle est toujours peu intense. L'une et l'autre de ces extrémités de l'appareil digestif sont des invaginations ectodermiques ; il est naturel qu'ils se comportent à peu près comme les tissus dont nous avons parlé jusqu'ici.

Œsophage. — Il est beaucoup plus court chez la larve que chez l'adulte ; aussi présente-t-il rarement de différenciation sur son trajet. Les cellules épithéliales qui constituent la paroi œsophagienne sont de petite taille, relativement aux éléments de l'intestin moyen, et n'ont pour ainsi dire déjà plus l'aspect d'un tissu larvaire.

---

(1) SEURAT. *Contribution à l'étude des Hyménoptères parasites.* — Ann. Sc. Nat. Zool. 8e série ; t. X. 1899.

Pendant la nymphose, l'œsophage primitif s'allonge et dépasse même l'accroissement considérable des trois anneaux thoraciques ; il reste rectiligne et garde un faible diamètre dans le thorax ; mais, à son entrée dans l'abdomen, et avant de se joindre à l'intestin moyen, l'œsophage présente souvent une dilatation, nommée jabot, dont la membrane interne est fortement plissée et hérissée de villosités.

Intestin postérieur. — Dans nombre de cas, notamment chez *Vespa*, *Apis*, *Polistes*, etc., son histoire est identique à celle de l'intestin antérieur. Tout d'abord assez court chez la larve, il s'allonge pendant la nymphose, présente quelques circonvolutions et souvent une dilatation préanale. Sa structure, chez les insectes que nous citons, ne se modifie presque pas : entre les cellules larvaires et les cellules imaginales, on peut retrouver une légère différence, mais plus faible encore qu'entre l'hypoderme larvaire et l'hypoderme imaginal. Il se passe toutefois une rénovation analogue à celle que nous avons décrite à propos des téguments : cette régénération, qui s'étend d'avant en arrière jusqu'à l'anus, a aussi pour résultat d'allonger l'intestin postérieur jusqu'à sa dimension définitive.

Mais ce processus d'histogénèse peut présenter, chez d'autres types, certaines variations dans le détail.

Pour certains auteurs, comme Karawaïew [1], l'intestin postérieur subit, dans certains cas (*Anobium paniceum*, *Lasius niger*) une véritable rénovation par histolyse.

En résumé, la transformation des parties initiale et terminale de l'intestin est due à un accroissement et à une simple régénération du tissu par lui-même, sans intervention d'éléments étrangers. La description qu'en donne Kowalewsky, par le moyen de deux anneaux imaginaux nous paraît, à tout le moins, trop schématique.

4. Tubes excréteurs ou de Malpighi. — Chez la plupart des Insectes holométaboliens, il existe deux systèmes successifs d'organes excréteurs. Les tubes larvaires, formés d'assez grosses cellules, rentrent en histolyse comme nous le décrirons plus loin (p. 49), tandis que la zone de raccordement entre

---

(1) Karawaïew. *Die nachembryonale Entwicklung von Lasius flavus.* — Zeitschrift. f. Wiss. Zool., août 1898.

l'intestin moyen et l'intestin postérieur prolifère activement en donnant des tubes souvent très nombreux, de petit calibre, et formés d'éléments cellulaires plus ténus. Leur histogenèse se rattache donc d'une manière directe à celle de l'intestin postérieur où ils débouchent : elle est indépendante des tubes excréteurs qu'ils remplacent physiologiquement.

Ce phénomène de prolifération se fait avec une étonnante rapidité : à mesure qu'ils grandissent, les jeunes tubes de Malpighi refoulent devant eux le tissu conjonctif qui leur forme une gaine continue ; dans leur voisinage abondent des leucocytes, qui jouent un rôle nutritif au début de leur histogénèse.

Il est vraisemblable que chez certains Insectes de petite taille ou d'organisation inférieure, où l'appareil excréteur est très réduit, il n'y ait point de tubes de Malpighi de seconde formation.

On peut donc présumer que de nouvelles recherches feraient rencontrer des cas intermédiaires et constater exceptionnellement pour les tubes excréteurs des faits analogues à ceux qui se passent généralement pour l'appareil trachéen.

5. **Système nerveux.** — Bien que subissant d'importantes transformations, le système nerveux ne présente pas de véritable métamorphose chez les Insectes, car on n'y trouve d'histolyse à aucun moment. La première apparence pourrait toutefois en imposer, car la transformation est telle que l'on peut décrire un système nerveux larvaire et un système nerveux d'adulte. Il existe ici, pourrait-on dire, deux « périodes d'état » ; d'où l'impression, d'ailleurs inexacte, de deux organismes consécutifs. Nous reviendrons ultérieurement sur cette conception particulière des métamorphoses.

Le système nerveux larvaire est relativement peu différencié ; les ganglions cérébroïdes ne sont pas très volumineux, et la chaîne ventrale présente, le plus souvent, douze paires de ganglions à peu près égaux et régulièrement espacés.

Dès le début de la nymphose, certains ganglions grossissent considérablement en comparaison des autres. Ce sont d'abord les cérébroïdes dont se dessinent les diverses régions (proto, deuto et trito-cérébron) ; les cellules nerveuses qui les composent augmentent en nombre ; il est peu probable que cette prolifération provienne des cellules déjà différenciées : elle est plutôt le fait de neuroblastes restés embryonnaires.

Quoi qu'il en soit, cette multiplication d'éléments s'accompagne bientôt d'une *différenciation* entre les cellules elles-mêmes : les unes restent de petite taille, d'autres deviennent relativement énormes. Des expansions de la masse cérébroïde forment de chaque côté des ganglions optiques volumineux, et parfois des ocelles, comme chez les Hyménoptères.

D'autres ganglions acquièrent également plus d'importance : ce sont les sous-œsophagiens et les thoraciques. Mais il se produit, entre plusieurs masses ganglionnaires, une coalescence qui modifie l'aspect régulièrement métamérique du système nerveux larvaire. On verra, par exemple chez les Hyménoptères, les 3es ganglions de la chaîne, puis les 4es et même les 5es, se fusionner avec les seconds thoraciques : ainsi se constitue une sorte de cerveau thoracique important, au détriment de la chaîne abdominale, dont les ganglions restent peu volumineux et espacés. Les derniers cependant prennent quelque importance, en rapport avec le voisinage de l'appareil génital.

Cette fusion des ganglions ne s'effectue pas simplement par un arrêt de développement. Pour qu'un ganglion vienne en contact avec le ganglion immédiatement antérieur, il faut que le cordon nerveux se raccourcisse au point de devenir nul. Or cela s'effectue sans histolyse, sans destruction, ni perte de substance. D'autre part, l'augmentation de volume des ganglions semble être, en quelque mesure, compensatrice, comme s'ils profitaient de la substance empruntée à la chaîne nerveuse. Une étude de la structure intime des cellules et de leurs rapports avec les fibres qui en partent, jetterait sans doute quelque lumière sur cette question.

6. **Organes génitaux.** — A propos du tégument et des appendices, nous avons déjà dit quelques mots des organes génitaux externes, et nous n'y reviendrons pas ; bornons-nous ici à esquisser les modifications des glandes génitales, et de l'ovaire en particulier.

La conservation de l'individu et la conservation de l'espèce. — Comme le système nerveux et la plupart des organes dont nous avons déjà parlé, le système génital se développe en deux temps distincts chez les insectes holométaboliens. Les deux étapes de l'évolution génitale correspondent, chez les insectes, à deux phases bien différentes de leur existence : la vie larvaire, dont toute la physiologie se rapporte à la nutrition et à la conservation de l'individu, et la vie de l'adulte, presque exclusivement consacrée à la reproduction, à la conservation de l'espèce.

Modifications de l'ovaire de Culex pipiens. — Les transformations de l'ovaire de ce Diptère ont été bien étudiées par Lécaillon (¹); elles nous serviront de type pour les Insectes holométaboliens.

Dès le début de la segmentation de l'œuf, les cellules génitales sont mises à part et déjà différenciées des cellules somatiques.

Pendant l'existence larvaire, les organes génitaux restent à l'état d'ébauche; ils forment deux petits massifs cellulaires ovoïdes : les cellules du centre, plus volumineuses et pressées les unes contre les autres, représentent les cellules sexuelles, les gonades proprement dites; elles sont entourées par des cellules très aplaties formant enveloppe.

Après l'arrêt qui se produit pendant la vie larvaire, l'évolution de l'organe reprend activement. Les gonades augmentent en nombre et en volume, et l'enveloppe externe suit l'accroissement de son contenu. A l'intérieur du sac ovoïde, les cellules sexuelles primitives se différencient en une sorte de colonnette qui porte, par l'intermédiaire de pédoncules cellulaires, des renflements ovoïdes; ceux-ci sont formés par de grosses cellules dont l'une d'elles, dans chaque renflement, devient l'œuf, les autres formant des cellules vitellogènes. Les cellules aplaties qui entourent chaque renflement ovoïde constituent un follicule autour de l'œuf; ce sont elles qui, ultérieurement, sécrètent le chorion.

Les phénomènes de maturation sont les suivants : la colonnette centrale et les pédoncules se désagrègent, et disparaissent : les follicules seuls subsistent en dedans de la gaine ovarique, et, à leur intérieur, les cellules vitellogènes sont résorbées au profit de l'œuf, devenu très volumineux et recouvert par le chorion.

Il en est à peu près de même chez la plupart des Insectes; ce qui varie, ce sont les rapports anatomiques entre les ovules

---

(¹) LÉCAILLON. *Recherches sur l'ovaire des Insectes.* — Bull. Soc. Entomologique de Fr. 1900, p. 96.

et les cellules vitellogènes ou nourricières, et la disparition plus ou moins précoce de ces dernières.

Histolyse des cellules nourricières. — Comme on le voit, si l'organe dans son ensemble, ne subit pas d'histolyse, certains de ses éléments sont résorbés : en particulier, les cellules vitellogènes.

Korschelt, puis de Bruyne ont étudié cette digestion des cellules nourricières par l'ovule, notamment chez *Dytiscus marginalis*. D'après l'auteur belge, il y a rupture de la membrane des cellules nourricières, fusion de leur protoplasme avec celui de l'ovule : leur noyaux subsistent quelque temps, ainsi que leur vitellus, dans l'œuf qui les a absorbés ; puis ils disparaissent, englobés par le noyau même de l'œuf, c'est-à-dire par la vésicule germinative.

Cet œuf serait une cellule mangeuse, un véritable phagocyte. De Bruyne fait remarquer que ce serait un phagocyte au second degré, puisqu'il y a non seulement absorption d'un protoplasme par un autre, mais aussi d'un noyau par un autre noyau. Ce fait est nommé *caryophagie* par de Bruyne : la vésicule germinative serait un *phagocaryon*.

Le noyau de l'ovule présente encore cette particularité d'émettre des sortes de prolongements amiboïdes augmentant sa surface de contact : autour de lui s'accumulent les granulations vitellines sur lesquelles il semble exercer une attraction chimique.

Rôle des leucocytes. — Ch. Pérez a observé, chez les Fourmis, que des cellules à granulation éosinophiles s'insinuaient, au cours de la nymphose, entre la gaine ovarique et les cellules génitales : à partir de ce moment, les ovules augmentent de taille, comme s'ils avaient reçu un surcroît de développement. L'auteur considère ces cellules — qui ne peuvent appartenir à l'ovaire lui-même — comme des leucocytes, et leurs granulations comme des débris de tissus, de substance contractible, qu'ils auraient englobé. En d'autres termes, ce seraient des phagocytes repus qui apporteraient aux ovaires des matériaux nutritifs. Il n'a pu retrouver ces éléments sur les individus mâles.

La métamorphose et le développement génital. — Le développement final de l'appareil reproducteur commence *peu après* le début de la nymphose; chronologiquement, il nous semble déjà devoir être sa conséquence plutôt que sa cause.

D'autre part, ce développement peut rester très incomplet, et ne pas aboutir à des produits sexuels mûrs, ainsi que cela a lieu pour les ouvrières, ou neutres, d'un grand nombre d'Hyménoptères. Nous tirerons plus loin les conséquences de ces faits importants (p. 70).

CHAPITRE II

LES PROCESSUS DE L'HISTOLYSE

1. **Généralités sur les tissus conjonctifs.** — A. *Conjonctif de la larve.* — Les principaux éléments que l'on peut rencontrer dans le conjonctif d'une larve d'insecte sont les suivants :

1° Les *cellules adipeuses*, dont la masse agglomérée constitue le corps adipeux qui remplit la presque totalité de la cavité générale.

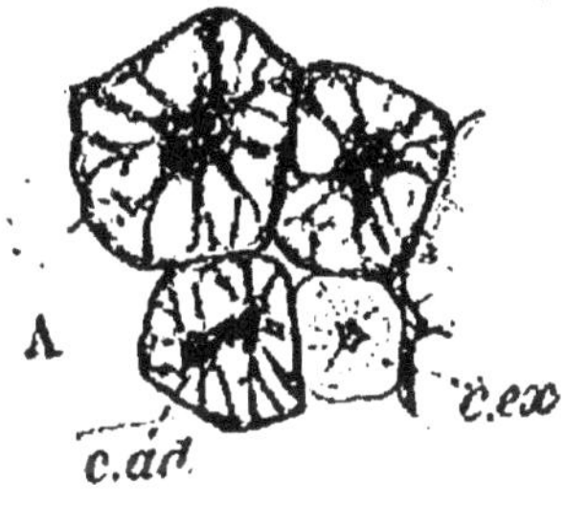

2° Les *cellules excrétrices*, intercalées en nombre relativement restreint au milieu des cellules adipeuses.

3° Les *œnocytes*, également peu nombreux ; ce sont des plastides arrondis, faiblement amiboïdes, d'aspect sombre, et dont la taille est sensiblement celle des éléments précédents.

4° Les *leucocytes* ou cellules migratrices (*amibocytes*), d'assez petite dimension.

5° Les *muscles* qui seront l'objet d'un exposé spécial.

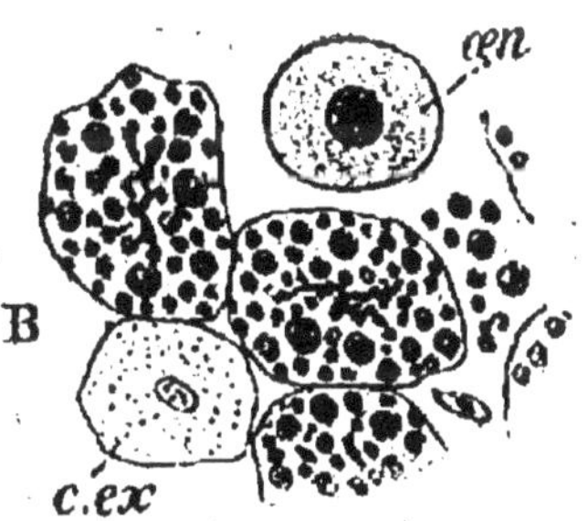

Fig. 2. — A. Tissu adipeux larvaire de *Vespa communis* ; *c.ad*, cellule adipeuse ; *c.ex*, cellule excrétrice. B. Tissu adipeux de nymphe, avec granules albuminoïdes, et noyau modifié ; *œn*, œnocyte.

B. *Conjonctif de la nymphe. Sarcocytes. Körnchenkugeln.* — On retrouve, chez la nymphe, les cellules adipeuses, mais leur aspect est assez différent, à cause de nombreux granules arrondis qu'elles contiennent, et dont Berlese a montré la nature albuminoïde.

Les cellules excrétrices ne changent guère; chez les nymphes d'insectes carnivores, elles sont souvent remplies par des concrétions sphériques formées par des urates.

Les leucocytes ont souvent un protoplasma vacuolaire : il n'est pas rare d'y rencontrer de petites inclusions; quant aux onscytes, ils ne présentent aucune particularité. Mais il existe un certain nombre d'éléments spéciaux aux stades de la vie nymphale.

Citons d'abord des sortes de cellules dont le noyau provient de noyaux musculaires en histolyse : nous les appellerons *sarcocytes*. Nous en distinguerons les *caryolytes*, bien qu'ils aient même origine; ce sont des fragments nucléaires que l'on retrouve soit isolés, soit en amas, mais toujours dans le voisinage des muscles dont ils proviennent. Parfois ils sont encore joints à des débris de la substance contractile : ce sont alors des *sarcolytes*.

Ces divers éléments ne doivent pas être confondus avec des leucocytes : ils s'en distinguent par leur colorabilité plus grande, l'opacité de leur noyau, l'irrégularité et la variabilité de leur forme. Enfin, par rapport aux muscles dont ils dérivent, caryocytes et caryolytes gardent une disposition toujours caractéristique et ne quittent guère leur voisinage plus ou moins immédiat; parfois même, ils restent accolés assez longtemps au muscle larvaire et ils forment des traînées de noyaux que Korotneff a appelés *Kernstrang*[1].

Chez la plupart des Insectes holométaboliens, on retrouve les divers éléments que nous venons de mentionner. Il n'en est pas de même des *Körnchenkugeln*. Ceux-ci n'existent que chez certains Diptères, mais, ayant depuis longtemps attiré l'attention, ils méritent une mention spéciale. Ils sont constitués par des amibocytes qui ont englobé des débris de tissus, en particulier des fragments de substance contractile, ou des sarcolytes avec leurs noyaux. Ils avaient été signalés par Weissmann, et décrits par Viallanos sous le nom de *boules à noyaux*. Mais c'est à Kowalewsky que l'on doit leur véritable interprétation.

De nombreuses erreurs ont été commises au sujet des Körn-

---

(1) KOROTNEFF. *Histolyse und Histogenese der Muskelgewebes bei der Metam. der Insecten*. Biol. Centralblatt, Bd. XII-1892.

chenkugeln ; disons dès maintenant qu'il ne faut les confondre, ni avec les sarcolytes, débris musculaires complexes, ni avec les divers éléments cités précédemment (caryolytes, sarcocytes), ni enfin avec les granules albuminoïdes eux-mêmes des cellules adipeuses.

C. *Conjonctifs de l'adulte.* — Selon les cas, le tissu adipeux de la nymphe subsiste plus ou moins longtemps et plus ou moins complètement. Indépendamment du tissu larvaire, il se constitue parfois un tissu adipeux imaginal, dont l'origine, aux dépens de noyaux musculaires de la larve, sera décrite plus loin (p. 61).

On ne retrouve chez l'adulte ni körnchenkugeln, ni caryolytes, ni caryocytes ; dans les cas où ceux-ci ont subsisté, ils se sont transformés en véritables amibocytes. Quant aux leucocytes et aux œnocytes, ils subsistent sans modifications appréciables.

Ces données générales étant acquises, nous pouvons exposer l'évolution des éléments adipeux et les processus d'histogenèse et d'histolyse dont ils sont le siège.

2. Évolution de la cellule adipeuse. — *Larve jeune. Réserves adipeuses.* — Nous suivrons la description très précise qu'en donne Berlese d'après un Diptère, *Calliphora erythrocephala* [1].

Peu après la naissance de la larve, les cellules adipeuses sont d'assez faible dimension ; l'acide osmique ne décèle que quelques granulations graisseuses, encore rares et de très petite taille.

Bientôt, la cellule grossit et les particules graisseuses augmentent en nombre et en dimension; de grandes vacuoles apparaissent, surtout dans les cellules adipeuses de la région céphalique. Le corps de la larve, à l'examen direct, devient de plus en plus blanc, en raison de l'émulsion contenue dans son tissu adipeux.

Lorsque la larve a cessé de se nourrir, les cellules adipeuses sont fortement brunies par l'acide osmique ; le protoplasma forme un fin réseau dont la disposition varie quelque peu suivant la région du corps : il est plus fin et plus régulier dans les cellules de l'abdomen ; les vacuoles sont plus grandes dans

[1] Berlese. A. *Osservationi su fenomeni che avvengono durante la ninfosi degli insetti metabolici.* — Rivista di Patolog. vegetale. 1899-1901.

celles de la tête. A ces légères dissemblances morphologiques correspondent, comme nous le verrons par la suite, des modes un peu différents de l'évolution.

A ce moment, le tissu adipeux est véritablement constitué. Il forme, à droite et à gauche du corps, deux colonnettes irrégulières, toujours moins volumineuses chez les larves carnivores; les globules graisseux sont plus développés chez les Insectes végétariens et les Lépidoptères en particulier.

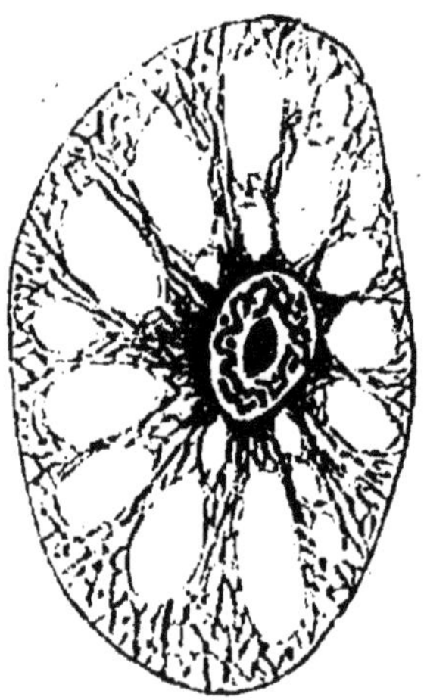

Fig. 3. — Cellule adipeuse larvaire de *Calliphora erythrocephala*, très grossie. (D'après Berlese; *Op. cit.*, V. p. 21).

Mais, dans tous les cas, le tissu adipeux accumule des réserves pour la phase nymphale et ses cellules méritent le nom de *trophocytes* que leur a donné Berlese.

Larve mûre et nymphe : granules albuminoïdes. — Avant le début de la nymphose proprement dite, à ce stade qu'on peut appeler celui de la *larve mûre*, l'Insecte a déjà cessé de se nourrir. Il se passe alors d'intéressants phénomènes que Berlese a fort bien étudiés ; nous continuons à suivre la description qu'il en donne.

On constate tout d'abord que l'acide osmique noircit moins les cellules de réserve, surtout celles de la région antérieure. A cette modification chimique correspondent de nouveaux caractères morphologiques.

Au sein du protoplasme apparaissent de petites sphères d'aspect très réfringent, de structure finement granuleuse, et se colorant en violet par l'hématéïne ; bientôt elles emplissent toute la cellule et entourent complètement le noyau : autour de ce dernier, on distingue une zone protoplasmique assez étroite.

Comment se sont formées ces petites sphères intracellulaires ? Autour des cellules adipeuses, Berlese a montré l'existence de plages formées d'une substance finement granuleuse qui pénètre, à travers la membrane, dans l'intérieur des cellules. Cette substance ambiante est donc absorbée par la cellule adipeuse qui, après avoir accumulé de la graisse, acquiert des réserves d'une nouvelle espèce; ce sont maintenant des substances albuminoïdes en voie de transformation.

La substance granuleuse forme d'abord, à l'extérieur des cellules, des plages de forme indéterminée (fig. 4) ; lorsqu'elle a été absorbée, ces formes se régularisent peu à peu, et, de quelconques, deviennent ovoïdes, puis sphériques.

Bientôt, cette substance subit une transformation que Berlese décrit comme une fermentation albuminoïde. Mais le phénomène peut s'accomplir de manières un peu diverses. Tantôt, c'est l'ensemble de la petite sphère qui se modifie simultanément, elle se colore d'une façon homogène, et progressivement davantage, par l'action de l'hémalun. Tantôt la fermentation albuminoïde commence en un ou deux points voisins du centre, et elle s'étend peu à peu jusque sur les bords. Ces points de départ de la transformation chimique se colorent, et continuent de se colorer plus vivement que le reste ; ils simulent, par suite, des noyaux à l'intérieur de petites cellules. Mais on n'y voit aucune structure cellulaire, et ils peuvent être nommés *pseudonuclei ;* Berlese a d'ailleurs directement constaté, par la méthode de Galeotti et de Biondi, qu'ils ne contenaient pas de nucléine. Il ne peut donc subsister aucun doute à cet égard, malgré la lointaine ressemblance qui a parfois fait confondre les granules albuminoïdes, contenant des pseudonucléi, avec des cellules véritables.

Origine de la substance albuminoïde de réserve. — D'où provient cette substance granuleuse que l'on trouve répandue dans la cavité générale à partir du moment où la larve cesse de se nourrir ? Elle est très probablement le résidu de l'histolyse que subissent dès ce moment les muscles, et, en particulier, ceux de la région céphalique. La transformation des cellules adipeuses est, en effet, plus précoce en cet endroit, comme celle des muscles eux-mêmes. On peut donc penser que la substance albuminoïde du muscle, liquéfiée et digérée par les humeurs du liquide cavitaire, peut-être sous l'action des ferments du tube digestif (?) passe alors, par pression osmotique, dans les cellules de réserves, où elle subit la fermentation et l'organisation décrites ci-dessus.

La cellule de réserve, véritable trophocyte, se nourrit donc de résidus d'histolyse, mais *sans phagocytose*, car elle n'englobe mécaniquement aucun débris de tissu ; on pourrait plutôt voir

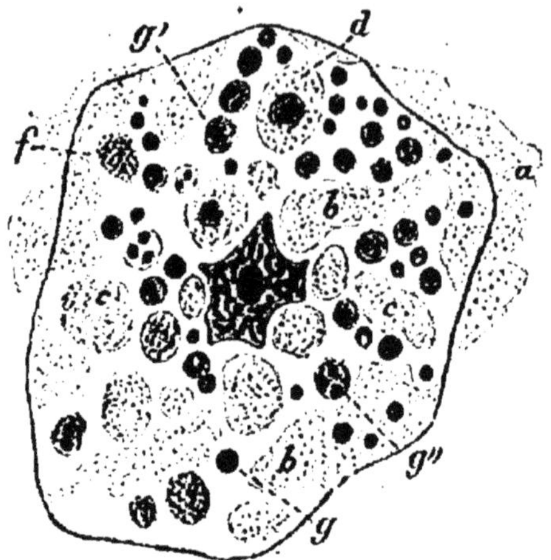

Fig. 4. — Cellule adipeuse de nymphe (*Calliphora*) ; *a*, substance granuleuse intercellulaire ; *b*, la même, ayant pénétré dans la cellule ; elle y forme des sphérules *c* ; *d*, sphérules avec simili-noyau ; *f*, sphérules subissant en masse la transformation albuminoïde ; *g*, *g'*, *g''*, granules albuminoïdes avec pseudo-nucléi. (Imité de Berlese).

dans ce phénomène une digestion extra-cellulaire ou péri-cellulaire, précédant les transformations ultimes qui se passent à l'intérieur de la cellule.

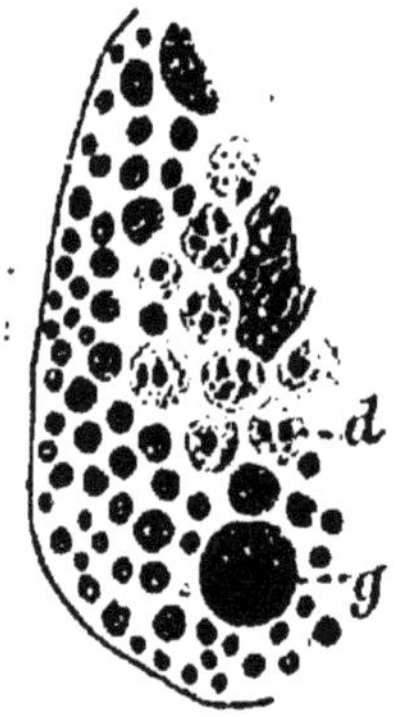

Fig. 5. — Autre disposition des sphérules et des granules albuminoïdes dans une cellule adipeuse abdominale. (D'après Berlese).

Parfois même, la cellule adipeuse émet des prolongements pseudopodiques qui semblent absorber la substance ambiante; Berlese y figure des granules albuminoïdes qui semblent s'être formés en dehors du trophocyte.

Tous ces phénomènes commencent d'assez bonne heure et se rapportent plutôt à la phase larvaire qu'à celle de la nymphe. Toujours est-il que le tissu de réserve, chez cette dernière, bourré de granules albuminoïdes est, une fois constitué, d'aspect fort différent de la larve.

Notons enfin que, chez ce type (*Calliphora erythrocephala*), la membrane des cellules adipeuses subsiste pendant toute la nymphose.

Imago. — Laissons de côté, pour le moment, l'évolution des éléments conjonctifs spéciaux à la nymphe, ou dérivés du tissu musculaire, et en particulier, du tissu adipeux imaginal (voy. p. 60); retenons seulement ce fait que le tissu imaginal se développe indépendamment du tissu adipeux larvaire. Ce dernier, à travers ses modifications, a subsisté jusque chez l'adulte sans subir d'histolyse.

Mais on observe alors une véritable digestion des granules de réserve, dont nous avons vu plus haut l'origine : ils deviennent vacuolaires, et diminuent de nombre et de dimension. Malgré cela, membranes cellulaires et noyaux subsistent, sans subir de notables changements. On voit donc ici coexister le tissu larvaire et le tissu imaginal ; celui-ci est formé de cellules rangées en colonnettes assez régulières ; il longe souvent les anciennes cellules adipeuses, et, se nourrissant à leurs dépens, il contribue à leur destruction finale.

3. Évolution du tissu adipeux chez les Insectes en général. — Chez tous les Insectes, on retrouve, à l'intérieur de la cellule adipeuse larvaire, mais toujours au voisinage du début de la nymphose, la formation de granules albuminoïdes de réserve. Avant de pénétrer dans la cellule adipeuse, leur substance est répandue dans la cavité générale, et son origine doit être cherchée dans la nourriture que la larve a accumulée ; le tube digestif joue peut-être un rôle dans leur élaboration.

Chez les Diptères végétariens, la fonction de ces granules est plus précoce, surtout pour ceux qui ne se nourrissent pas de végétaux en putréfaction, riches en subtances azotées.

Chez les Lépidoptères, on remarque que les granules de réserve apparaissent très tôt, et qu'ils ne présentent point de pseudo-nucléi; les cellules adipeuses peuvent encore se multiplier par caryocinèse.

Le tissu adipeux larvaire subsiste-t-il toujours jusque chez l'adulte ? Berlese répond affirmativement et il étend cette conclusion à tous les ordres d'Insectes, en s'appuyant sur de nombreuses observations personnelles.

Il nous semble cependant qu'on doive faire des réserves

quant à l'intégrité de ces éléments adipeux, et nous résumons ici nos propres observations.

Chez les Hyménoptères, les cellules adipeuses présentent de nombreuses divisions directes pendant la vie larvaire. Au moment de la nymphose, le noyau diminue de volume et se déforme; il devient linéaire, se ramifie et se fragmente. Les granules de réserve nous ont montré, notamment chez *Vespa germanica*, des aspects assez variés rappelant ceux qui ont été décrits plus haut. Quant à la persistance du tissu adipeux, il est certain que les noyaux se retrouvent, bien que très déformés, jusque chez l'adulte; mais les membranes ne restent pas toujours intactes; les cellules adipeuses deviennent souvent diffluentes et laissent échapper leurs granules dans la gravité du corps; cela a lieu, chez la Guêpe, vers la fin de la nymphose. Encore cette destruction ne porte-t-elle que sur certains groupes de cellules de l'abdomen, dont les réserves sont plus compactes. Dans la tête et le thorax, où les cellules adipeuses sont moins nombreuses, celles-ci conservent généralement leur membrane et gardent leur même aspect.

On objecte très naturellement que la fixation des tissus a peut-être été moins bonne, ou que la section par le rasoir a causé la déchirure et a entraîné les granules. Mais des observations réitérées montrent que ce résultat est bien constant et que la fixation n'a rien laissé à désirer, même pour des tissus voisins particulièrement délicats comme le système nerveux. Enfin, on ne trouve point de granules sur les organes avoisinants, ce qui arriverait s'ils étaient entraînés par le rasoir; ils restent en place, dans la cavité générale. Il faut bien en conclure que cet aspect correspond à une réalité.

D'autre part, chez le Frelon (*Vespa crabro*), il se passe des phénomènes analogues; mais, chez l'adulte, on ne retrouve plus trace du tissu adipeux cellulaire. Ce qui reste des cellules constitue une sorte de plasmode où se retrouvent encore les noyaux; ceux-ci, d'ailleurs, se fragmentent; ou bien, s'étirant en tous sens, ils poussent des sortes de stolons, de bourgeons qui s'étranglent, se détachent et donnent naissance à des noyaux de plus petite taille disséminés dans le plasmode. Dans son ensemble, le tissu adipeux d'origine larvaire est en complète régression.

La persistance du tissu adipeux larvaire *comme tissu* n'a d'ailleurs qu'une importance secondaire. Son rôle physiologique est d'accumuler des réserves pour la période de jeûne nymphal et pour l'édification d'organes nouveaux. Son intégrité cellulaire n'est pas une question essentielle, et elle peut varier suivant les cas, mais en général il subit une destruction partielle; il est plus intéressant de s'attacher au processus de formation ou d'utilisation de ses réserves nutritives.

4. **Quelques théories de l'histolyse du corps adipeux.** — En abordant l'étude des métamorphoses, on pensa d'abord que l'histolyse était un fait général à tous les organes larvaires et on la rechercha dans le corps adipeux en particulier.

Viallanes a décrit, dans la cellule adipeuse des Muscides, la naissance *endogène* de petites cellules qui entouraient le noyau larvaire, détruisaient la cellule, puis étaient mis en liberté pour reconstruire d'autres organes. — Nous reconnaissons maintenant, dans ces prétendues cellules internes, les granules de réserve albuminoïdes décrits plus haut.

Il semble qu'une confusion analogue a mené à van Rees à décrire, chez les mêmes Muscides, une invasion de la cellule adipeuse par des cellules venues de l'extérieur par des leucocytes; ceux-ci auraient pénétré soudain en nombre considérable, *entourant* le noyau adipeux, et détruisant la cellule larvaire. C'était là un exemple nouveau et remarquable de l'agression leucocytaire et de la phagocytose.

Mais nous avons vu que les recherches récentes, poursuivies avec une meilleure technique histologique, ne laissent aucun doute sur la non-pénétration des leucocytes dans les cellules adipeuses. Non seulement Berlese chez les Diptères, et ailleurs, mais Terre et Anglas apportent des observations concordantes : même lorsque la membrane de la cellule adipeuse est rompue, la pénétration des leucocytes est encore exceptionnelle. Seul actuellement, Pérez défend la phagocytose leucocytaire, au moins partielle, du corps adipeux. Il nous semble toutefois, d'après les descriptions et les planches, que ces prétendus phagocytes sont, suivant les cas, soit des granules albuminoïdes, soit des portions du noyau cellulaire lui-même. Leur origine nous paraît donc endogène, mais leur signification est toute différente de celle que leur attribuait Viallanes.

Kowalewsky allait même plus loin que van Rees, et il avait décrit une destruction complète de la cellule adipeuse se faisant par le moyen de Körnchenkugeln. Cet auteur dit même avoir observé leur pénétration *in vivo ;* mais un tel examen est forcément des plus délicats, puisque même sur des coupes minces, transparentes et bien colorées, il peut y avoir matière à confusion. De plus, comme le fait justement remarquer de Bruyne, la description de Kowalewsky manque de précision, quant au point et au mode de pénétration de ces éléments. Enfin, l'examen histologique n'a jamais montré de Körnchenkugeln *à l'intérieur* des cellules adipeuses, — non plus que de leucocytes, croyons-nous. Il faut donc, semble-t-il, que Kowalewsky ait confondu avec les Körnchenkugeln ceux des granules albuminoïdes dont le volume est le plus considérable et qui présentent plusieurs pseudo-nucléi.

Sans aller absolument à l'encontre de van Rees et de Kowalewsky dont la grande autorité semblait avoir établi le fait de la phagocytose chez les Insectes, de Bruyne, dès 1898, montre que ce processus est plus restreint qu'on ne le pensait, et que les leucocytes *englobent partiellement* des restes de tissu adipeux, dont la destruction commence spontanément, et non par l'attaque leucocytaire.

Nous avons vu qu'il fallait aller plus loin encore, le tissu adipeux n'est pas toujours détruit pendant la nymphose sauf dans des cas de régression précoce où les cellules deviennent plus ou moins diffluentes; mais les leucocytes n'y sont pour rien. Parfois même les cellules adipeuses persistent jusqu'après l'éclosion : leur régression consiste dans l'utilisation de leurs réserves. Elles servent de nourriture aux organes voisins, et, en particulier, au tissu adipeux de nouvelle formation.

5. **Cellules excrétrices et œnocytes**. — *Cellules excrétrices.* — Faisant partie du corps adipeux au même titre que les cellules adipeuses elles-mêmes, on rencontre, chez la plupart des Insectes, des cellules qui contiennent des granulations très spéciales où l'analyse chimique fait reconnaître des urates. Ces cellules *excrétrices*, ou à urates, sont des cellules-sœurs des cellules adipeuses, mais elles sont de bonne heure différenciées en reins d'accumulation, au moins d'une manière transitoire.

Chez certains Hyménoptères (*Hylotoma Rosæ*), c'est une portion de la cellule adipeuse elle-même qui se différencie comme excrétrice : ce qui montre bien l'identité d'origine. Ainsi se trouve réalisé l'aspect curieux d'une grosse cellule portant à son intérieur, et comme dans un coin, une autre cellule plus petite avec noyau et granules d'urates. Ce noyau doit provenir du noyau adipeux, mais cette division précoce n'a pas été décrite jusqu'à présent. Chez la Guêpe commune, on peut, exceptionnellement rencontrer des aspects analogues.

Les cellules excrétrices ne subissent pas les mêmes modifications que les cellules adipeuses. Depuis les stades larvaires jusqu'à l'état adulte, elles subsistent en conservant un noyau généralement petit, avec une structure chromatique très ténue : le protoplasme est finement réticulé avec de petits renflements aux points d'entrecroisement des maillons.

Les granulations d'urates, tantôt d'un gris opaque, tantôt claires et réfringentes, toujours sensiblement sphéroïdales, apparaissent particulièrement abondantes à la fin de la vie nymphale : chez certaines espèces, comme le Frelon, elles forment un amas si opaque que le noyau cellulaire en est très souvent caché; elles disparaissent à la fin de la nymphose et chez l'adulte, probablement en raison du fonctionnement des tubes de Malpighi définitifs, qui éliminents ces déchets azotés.

Chez les Névroptères aquatiques, on n'observe pas, selon Berlese, de granulations d'urates dans le corps adipeux ; il n'y a pas de cellules différenciées, soit partiellement, soit totalement, en cellules excrétrices.

On peut donner comme fait général que le régime carnivore a pour conséquence une formation plus précoce de granules albuminoïdes de réserve, et une accumulation plus considérable de déchets dans les cellules excrétrices.

Ces dernières avaient été décrites par Karawaïew, comme de « grands phagocytes. Cette inexactitude est d'autant plus surprenante que cet auteur est un de ceux qui restreignent, jusqu'à le supprimer, le rôle de la phagocytose dans les processus d'histolyse. Or les cellules excrétrices ne phagocytent manifestement rien : ce sont des éléments fixes, de place et de forme. Tout au plus, en remarquant que les cellules adipeuses voisines sont souvent en mauvais état, si on les compare aux autres, pourrait-on attribuer excrétrice une action digestive extra-cellulaire, ou une action intoxicante ; mais ceci demanderait une vérification directe.

Œnocytes. — Ces éléments se distinguent des précédents par leur indépendance plus grande par rapport au corps adipeux :

ils peuvent être considérés comme migrateurs et amiboïdes. De plus, leur aspect est beaucoup plus foncé et leur noyau plus sombre est régulièrement ovoïde, et assez volumineux. On ne peut pas les confondre avec les leucocytes, lesquels sont clairs et de dimensions bien inférieures.

Il semble que les œnocytes correspondent aux hypostigmatiques de quelques auteurs (p. 10); dans ce cas, ils proviendraient de l'hypoderme. Parfois ils restent agglomérés et se disposent régulièrement, à chaque segment, des sortes de colonies. Chez une larve d'Hyménoptère, tel que *Tapinoma erraticum*, les groupes d'œnocytes dessinent du 4e au 6e segment abdominal, autant de paires de bandes latérales au-dessous du stigmate correspondant. Le plus souvent, sauf chez les Tenthrèdes, les œnocytes se dissocient et deviennent des cellules libres dans la cavité générale ; on ne les rencontre toutefois que dans l'abdomen.

Pérez (1) distingue, chez la Fourmi rousse, des œnocytes larvaires de grandes dimensions, et des œnocytes nymphaux, de moindre taille, bien que d'aspect analogue. L'origine, l'évolution et le rôle physiologique des œnocytes larvaires est encore problématique. Toujours est-il qu'au début de la période nymphale, ils subissent une division directe, assez semblable à un bourgeonnement, donnant naissance aux éléments homologues de la nymphe et de l'adulte. Ces nouveaux éléments, très abondants, se déplacent par mouvements amiboïdes, ils pénétreraient même à l'intérieur des cellules grasses; malgré cela, ils ne jouent aucunement le rôle de phagocytes.

Tantôt, comme chez les Tenthrèdes, dès la phase larvaire, ils rentrent en régression spontanée dès le début de la phase nymphale : le protoplasma s'efface sur la périphérie, où apparaissent des granulations très colorables. Le noyau rentre en caryolyse, perd toute structure et se transforme en une masse homogène, fortement colorable ; finalement il semble se dissoudre, ainsi que le protoplasma ambiant.

Mais ceci est l'exception. Le plus souvent, les œnocytes persistent, presque invariables, pendant toute la période nymphale, et se retrouvent parfois jusque chez l'adulte sans qu'ils

(1) Ch. Pérez. Contribution à l'étude des Métamorphoses. Thèse. Paris, 1902.

manifestent un rôle quelconque dans les phénomènes qui se passent à ce moment.

Berlese pense que les œnocytes par exemple chez *Cynips*, sont capables de devenir des cellules à urates. Cela ne nous semble nullement démontré, vu que chez d'autres Hyménoptères, nous avons constaté que cette fonction excrétrice est dévolue à des cellules spéciales, bien distinctes des œnocytes, avec lesquels elles coexistent sans qu'on puisse jamais voir aucune transition de forme, ni aucun lien entre les unes et les autres. Les cellules excrétrices se rattachent bien plutôt au corps adipeux ; les œnocytes en sont relativement indépendants ; ce sont des cellules spéciales jouant un rôle encore indéterminé, peut-être une fonction de sécrétion interne contribuant à la composition du liquide cavitaire.

6. **Leucocytes.** — Il nous suffira de rappeler et de compléter ici les principaux points exposés dans les différents chapitres qui précèdent ou qui suivent.

Les leucocytes sont particulièrement nombreux dans le liquide cavitaire du vaisseau dorsal ou de son voisinage, ainsi que dans les lacunes laissées soit à l'avant, soit à l'arrière du corps par le tissu adipeux qui ne s'étend pas jusqu'aux deux extrémités.

Pendant la période larvaire, leur répartition reste quelconque ; mais dès le commencement de la nymphose, ils s'agglomèrent de préférence autour des organes en régression (muscles, glandes salivaires, tubes de Malpighi (fig. 10) : un peu plus tard, on les retrouve aussi en nombre considérable autour d'organes en histogenèse (tubes de Malpighi définitifs).

Chez les Diptères cycloraphes, ils sont manifestement capables d'englober des fragments assez considérables de substance contractile larvaire ; ils forment alors ce que l'on a nommé les körnchenkugeln ou *boules à noyaux*.

Rappelons enfin qu'il ne faut confondre les leucocytes, ni avec les granules albuminoïdes du tissu adipeux, qui leur sont parfois mélangés dans le liquide cavitaire, ni avec des éléments nucléés de dimensions analogues, mais d'aspect très divers (caryolytes et sarcorytes) sur lesquels nous reviendrons bientôt.

Il s'attache aux leucocytes un intérêt tout particulier, à cause de leur rôle dans l'histolyse. Nous avons déjà vu (p. 27) ce qui se rapporte au tissu adipeux ; nous aurons l'occasion d'en parler à propos du tissu musculaire (p. 38), des glandes de la soie, et des tubes de Malpighi (p. 50).

7. **Le tissu musculaire en général.** — C'est assurément dans ce tissu que l'histolyse se manifeste avec ses modes les plus nombreux ; c'est là qu'elle a donné naissance aux interprétations les plus opposées. Ici encore, pour fixer les idées, pour faciliter la description et donner un terme défini de comparaison, nous choisissons un type d'Insectes où se trouvent réunis des processus très variés ; nous pourrons néanmoins les rattacher les uns aux autres et dégager ce qui est essentiel.

Pour cela, nous nous adresserons aux Hyménoptères, tels que la Guêpe, très favorable à cette étude. La larve est apode, presque immobile, et la métamorphose est véritablement complète; la profonde différence de forme entre la larve et l'image en est une première preuve. D'autre part, les observations histologiques permettent de constater une série de phénomènes variés, mais n'atteignant pas la complexité qui caractérise la métamorphose des Diptères supérieurs. Cet Hyménoptère représentera comme une moyenne des phénomènes de métamorphose : nous compléterons enfin ce qu'il nous aura appris par la comparaison avec d'autres types convenablement choisis [1].

Muscles larvaires. — L'appareil musculaire de ces larves puppiformes est assez peu développé. Il se compose de quelques bandelettes musculaires, elles-mêmes formées d'un petit nombre de fibres. Mais ces éléments histiques sont relativement assez volumineux et, comme cela a lieu pour tous les tissus larvaires, de dimensions bien supérieures aux éléments correspondants de l'adulte.

Ces fibres, dont le myoplasme est très nettement strié, sont revêtues d'une mince courbe de sarcoplasme que soulève par endroits un noyau ovoïde allongé.

Telle est la structure de tous les muscles longitudinaux, les

---

(1) ANGLAS. J. *Observations sur les métamorphoses internes de la guêpe et de l'abeille.* Bull. scientifique de la Fr. et de la Belg. t., XXIV, 1900. — Bull. Soc. Entomol. de Fr., 1900. n° 17. — *Nouvelles observations*, Arch. d'Anat. microscop., 1902.

uns dorsaux et extenseurs, les autres ventraux et fléchisseurs; ils prennent, à chaque segment, leur insertion sur l'hypoderme. Il existe encore des muscles spéciaux pour les pièces de la bouche, et pour l'intestin, que recouvre extérieurement une sorte de canevas musculaire, formé de fibres longitudinales externes, et de fibres circulaires plus internes. Autour du rectum, ces dernières sont plus développées et constituent un véritable sphincter dont nous aurons à parler tout spécialement.

Marche générale de l'histolyse dans les muscles. — La régression des muscles larvaires commence peu après le moment où la larve s'immobilise dans sa logette, qu'elle tapisse et obture en sécrétant un mince cocon soyeux. Mais l'histolyse, commencée simultanément, ne marche pas avec la même vitesse pour tous les muscles; elle prend même, suivant les cas, des aspects assez différents.

La raison de ce fait tient certainement à ce que tous les muscles ne subissent pas une métamorphose aussi profonde : les uns disparaissent totalement (m. péribuccaux), d'autres sont remaniés et persistent chez l'adulte, mais après avoir diminué de volume (m. longitudinaux de l'abdomen, m. péri-intestinaux); soit, au contraire, en devenant plus considérables (m. du thorax). On peut donc, suivant leur évolution, les classer en trois catégories assez naturelles ; c'est la division que nous suivrons, pour la commodité de la description; elle correspond assez bien aux manifestations différentes d'un même processus.

Nous ne parlerons d'ailleurs, en ce chapitre, que de l'histolyse de ces organes; quand ils ne disparaissent pas complètement et qu'ils donnent lieu à de l'histogénèse, nous reportons la suite de leur histoire au chapitre spécial où sont groupés tous les phénomènes de même nature.

Au point de vue histologique, on peut dire, en particulier pour la Guêpe choisie comme exemple, que les phénomènes marchent avec une rapidité plus grande dans la région antérieure, et de moins en moins considérable à mesure qu'on se rapproche de la partie terminale du corps. Cela tient-il à ce que le sphincter rectal, servant à expulser le « sac noir » qui contient les détritus de la digestion larvaire, conserve plus longtemps son activité? ou bien les muscles du thorax, siège de transformations plus considérables (au moins quant à l'histogenèse), présentent-ils pour cela une évolution plus hâtive? L'une et l'autre explication sont plausibles. Toujours est-il que l'on peut trouver, sur une même série de coupes de nymphe, des stades plus ou moins avancés d'histolyse, suivant qu'on examine une région plus ou moins antérieure.

Nous essaierons d'abord de décrire les faits, indépendamment de toute idée préconçue; les interprétations et les théories seront examinées dans un paragraphe spécial (§ 12, p. 43 à 49).

8. **Histolyse totale du muscle.** — *Dégénérescence du noyau.* — Il arrive souvent que le noyau augmente de volume, et, d'ovoïde, devient plus ou moins sphérique. La chromatine, en se désagrégeant, semble se dissoudre dans le suc nucléaire, ou caryoplasme, car toute cette petite masse prend fortement et d'une manière assez uniforme les colorants nucléaires.

On rencontre de ces noyaux dégénérés soit sur le côté des fibres, soit, le plus souvent, à leur extrémité où ils figurent des sortes de petites massues renflées. Cette dégénérescence est bien antérieure à celle de la substance contractile de la fibre elle-même. Bientôt la petite masse nucléaire se sépare de la fibre; elle persiste quelque temps encore, puis elle s'éclaircit et se dissout dans le liquide cavitaire ambiant.

Sarcocytes. — Plus souvent encore, surtout dans les fibres périrectales, on constate que l'hypertrophie du caryoplasme est accompagnée d'une condensation de chromatine, formant au centre de ce caryoplasme un centre plus opaque, très fortement chromophile, formé par ce qui reste de chromatine non dissoute. Mais cette chromatine est déjà altérée chimiquement, et l'on n'y voit aucune structure définie.

A un moment donné, l'espèce de pédoncule qui reliait le noyau dégénéré à l'extrémité d'une fibre (peut-être déjà rompue en cet endroit), s'étire et se résorbe; la petite masse sphérique est mise en liberté dans la cavité du corps où elle simule un élément cellulaire, dont le protoplasme serait le caryoplasme, et le noyau la chromatine condensée. Comme aspect et comme colorabilité, cela ressemble aux œnocytes. La confusion, toutefois, est impossible, tant à cause de l'origine que de la taille, ici beaucoup plus exiguë. De plus, les limites du pseudo-noyau sont peu nettes : il y a presque continuité de teinte entre lui et le plasma ambiant. Il n'est pas non plus possible de prendre ces éléments pour des leucocytes, car il les surpassent de beaucoup en dimensions, et n'en offrent aucun caractère.

A ces noyaux larvaires dégénérés, nous avons déjà appliqué

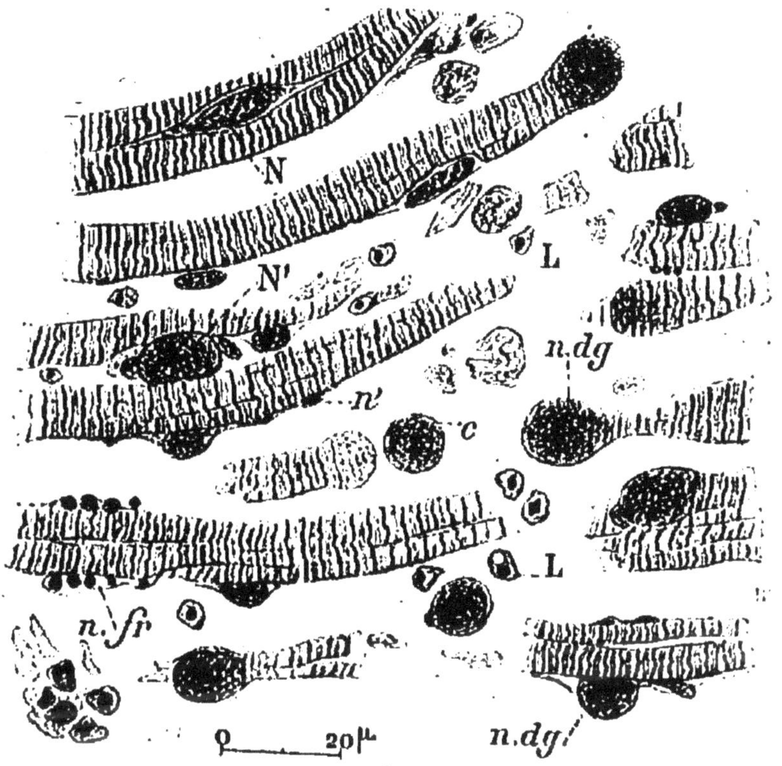

Fig. 6. — Histolyse des muscles postérieurs (Guêpe) ; N, noyau larvaire typique ; N', noyau bourgeonnant des noyaux secondaires ; *n'*, *n. fr*, noyaux provenant de la fragmentation d'un noyau larvaire ; *n.dg*, noyaux hypertrophiés et émettant des sarcocytes (c). L, leucocytes.

le nom de *sarcocytes*, terme créé par Berlèse dans sa remarquable étude des métamorphoses du muscle.

Histolyse des sarcocytes. — Ces curieux éléments subsistent quelque temps dans la région périrectale où ils ont pris naissance, et survivent même à la disparition totale de la fibre ; ils forment, dans l'abdomen terminal, des amas dissociés à la place des muscles disparus. On les retrouve à un stade assez avancé de la nymphose — nous parlons toujours des Hyménoptères —, lorsque l'Insecte prend déjà sa forme définitive. Ils offrent alors des signes manifestes de régression; des vacuoles y ont apparu, la coloration est moins vive, les contours s'effaçent. Avant l'éclosion, les sarcocytes ont complètement disparu, dissous dans le liquide ambiant.

Il arrive parfois que l'histolyse est encore plus rapide, et, peu après la séparation d'avec la fibre, la chromatine et le sarcocyte tout entier peuvent se fragmenter sans constituer ces pseudo-cellules que nous venons de décrire. Ce processus d'histolyse se rattache, d'ailleurs, à celui dont nous allons parler.

Carol tes. — Dans les noyaux hypertrophiés que l'on rencontre sur le côté des fibres larvaires, au début de l'histolyse, on constate que la chromatine condensée ne forme pas toujours un amas sphérique, mais, plus souvent, une sorte de petit cylindre aplati; autour de cette masse principale, et particulièrement à la périphérie du caryoplasme, on voit des fragments plus petits, mais aussi colorables, et qui dérivent, soit d'une répartition primitive de la chromatine au moment de sa condensation, soit d'une fragmentation ultérieure. Leur forme est irrégulière, et leur nombre variable. On remarque que le caryoplasme forme souvent autour d'eux une mince zone un peu plus claire; cette disposition s'observe aussi autour de la masse chromatique principale.

Ces fragments de chromatine altérée peuvent être nommés *caryolytes*, ce qui exprime qu'ils sont des fragments nucléaires ou voie d'histolyse.

Toutefois, avant de disparaître, les caryolytes se multiplient par des fragmentations nouvelles et nombreuses. De la sorte, ils arrivent à constituer de véritables amas, tantôt arrondis et sphériques, tantôt allongés, et qui s'insinuent peu à peu dans la gaine protoplasmique; fréquemment, ils sont logés dans l'espèce d'angle rentrant que forme la masse représentant le noyau larvaire primitif avec la fibre sur le côté de laquelle il fait saillie (1).

Désagrégation des caryolytes. — L'ancien noyau larvaire devient peu à peu méconnaissable; les caryolytes se séparent et sont rejetés dans le voisinage de la fibre. On les distingue

(1) C'est là qu'ils ont été souvent pris pour des leucocytes; la petite zone claire qui les entoure étant alors confondue avec le corps protoplasmique d'un plastide.

des sarcocytes par leur taille moindre et par la réduction considérable, sinon l'absence, autour du fragment chromatique, d'une aire plus claire simulant une cellule. Ils sont généralement de taille inférieure aux leucocytes, avec lesquels il ne faut point les confondre.

Plusieurs de ces caryolytes peuvent être éliminés à la fois; ils forment alors des amas pluri-nucléés, prenant les colorants avec beaucoup d'énergie; leur nature serait difficile à reconnaître, si l'on n'avait suivi leur mode de formation.

Sarcolytes. — Les caryolytes, détachés de la fibre musculaire, peuvent emporter avec eux des fragments de substance contractile qui leur reste accolée : ce sont alors des *sarcolytes* que l'on peut définir comme de petites masses complexes, constituées par des détritus des muscles, arrondis et presque méconnaissables, et par des fragments de noyau larvaire. Malgré leur apparence sphérique et souvent plurinucléée, il ne faut point les prendre pour des körnchenkugeln, dans la constitution desquels rentre toujours une cellule amiboïde migratrice et phagocytaire.

Les sarcolytes ne tardent pas à rentrer en régression et à disparaître. On les rencontre plus spécialement dans les muscles longitudinaux, à la partie postérieure de l'abdomen.

Un peu différents sont les sarcolytes provenant des fibres du sphincter rectal et des muscles péri-intestinaux postérieurs. Ils sont plus volumineux, et la masse contractile isolée est entourée, plus ou moins complètement, par du sarcoplasme, en continuité avec le caryoplasme hypertrophié. De Bruyne a suggéré que la partie nucléaire et protoplasmique conserve plus longtemps sa vitalité que le myoplasme plus différencié, et qu'elle exerce sur cette dernière une action digestive ; serait de l'autophagocytose, ou phagocytose myoblastique. Nous reparlerons plus loin de cette interprétation (p. 48).

Histolyse des fibres. — La régression des noyaux précède toujours celle de la partie contractile. A son tour, celle-ci dégénère ; elle perd sa striation primitive, ses contours s'effaçent, et elle est peu à peu dissoute dans le liquide ambiant. Cela se passe d'une manière analogue pour des fragments isolés, sans contact direct avec les noyaux, et pour les sarcolytes, ainsi qu'il a été dit plus haut.

Mais ici interviennent de nouveaux éléments dont l'action a

parfois été considérée comme unique, ou au moins prépondérante, et, d'autrefois, complètement niée par les auteurs ; nous voulons parler des leucocytes.

Rôle des leucocytes. — Nous décrirons très scrupuleusement ce qui se passe dans ces cas d'histolyse complète ; nous réservons pour plus tard les interprétations et les théories.

Il faut remarquer tout d'abord que l'histolyse s'accomplit en un temps très court, si on le compare à la durée totale de la nymphose.

Dans la région dont nous étudions les muscles, c'est-à-dire au voisinage de la lacune postérieure, les leucocytes sont toujours assez nombreux. Toutefois, dès le début de la phase nymphale, il se produit une affluence manifeste de ces éléments migrateurs au milieu même des fibres dont commence l'histolyse. Les leucocytes sont parfaitement reconnaissables ; on peut les suivre de stade en stade, et constater que malgré de légères modifications, ils restent, en somme, très semblables à eux-mêmes et ne peuvent être confondus avec aucun autre élément nucléé (sarcocyte, caryolyte, etc.).

Les leucocytes s'arrêtent assez souvent à quelque distance des fibres; ils peuvent néanmoins s'en approcher et même rentrer en contact avec elles ; mais ce fait est relativement assez peu fréquent pour qu'on n'ait pas, nous semble-t-il, le droit de conclure que c'est là le but ultime de l'intervention leucocytaire. Seule, cette agglomération d'éléments migrateurs, en nombre plus considérable, peut être affirmée avec certitude.

A ce moment, les leucocytes deviennent souvent vacuolaires et augmentent notablement de volume ; mais leur aspect général varie peu. On y discerne parfois de très petites inclusions, mais la somme fictive de ses particules ingérées, minime par rapport au volume total des leucocytes, est tout à fait négligeable en comparaison de la masse énorme des organes en histolyse. Il nous semble, malgré les descriptions de Ch. Pérez, que l'on ne puisse pas interpréter cette histolyse comme le résultat d'une phagocytose : cela est matériellement impossible et la comparaison des masses en présence permet de s'en assurer facilement.

Conclusion. — En résumé, pour les noyaux comme pour la partie contractile, il se produit chez les Hyménoptères une régression sur place, une dissolution, une sorte d'attaque chimique, ou ce qui revient au même puisqu'il s'agit de tissus, de digestion par les humeurs de la cavité générale ; l'action des leucocytes n'est que secondaire.

9. **Cas d'histolyse partielle du muscle.** — La description pourra se ramener, à quelques variantes près, à ce qui a été dit précédemment.

Même dans les muscles qui ne disparaissent pas totalement, certaines fibres pourront être entièrement détruites ; d'autres, au contraire, ne seront que partiellement remaniées.

Destruction de fibres. — Le processus le plus fréquent est la fragmentation du noyau en caryolytes de tailles diverses ; ceux-ci, longeant les bords de la fibre, ou s'insinuant même entre les fibrilles, ont toujours, au début, une disposition linéaire caractéristique. Cela peut même se produire avant que la striation transversale ait disparu. Au reste, on retrouve toujours, parmi ces caryolytes, des débris plus volumineux du noyau larvaire, bien caractérisés, et subissant la même chromatolyse.

On observe, dans le voisinage de ces fibres, de véritables leucocytes, toujours assez semblables à ceux que l'on voit dans les autres régions ; mais leur nombre est ici très restreint, et il serait imprudent d'affirmer qu'ils interviennent ici pour contribuer directement à l'histolyse ; l'intérêt particulier qu'ils présentent ici, c'est de servir de témoins afin d'éviter toute confusion avec les caryolytes.

La fibre perd bientôt sa striation et elle semble se liquéfier ; ses contours s'estompent, et la disposition des caryocytes, au milieu de cette masse semi-fluide, perd sa régularité primitive. On ne retrouve plus ensuite qu'un magma confus où se distinguent encore de petits fragments chromatiques, enfin, assez rapidement, la dissolution définitive est achevée.

Transformation de fibres larvaires. — Laissant de côté pour l'instant ce qui a trait à l'histogénèse, nous dirons seulement que certains noyaux, après avoir subi une sorte d'hypertrophie, se fragmentent par un processus analogue à celui que nous avons décrit, et des sarcocytes se détachent de la fibre. Mais dans ce cas, ils gardent une disposition en file régulière, parallèle à l'élément musculaire, et qui atteste clairement leur origine. Ces rangées linéaires de sarcocytes, en s'écartant de la fibre prennent parfois une forme incurvée, les deux extrémités de l'arc étant toujours plus rapprochées de la fibre, et dans le voisinage de quelque noyau larvaire.

Ces sarcocytes, que l'on rencontre dans la région moyenne de l'abdomen, sont de taille bien inférieure à ceux que nous avons

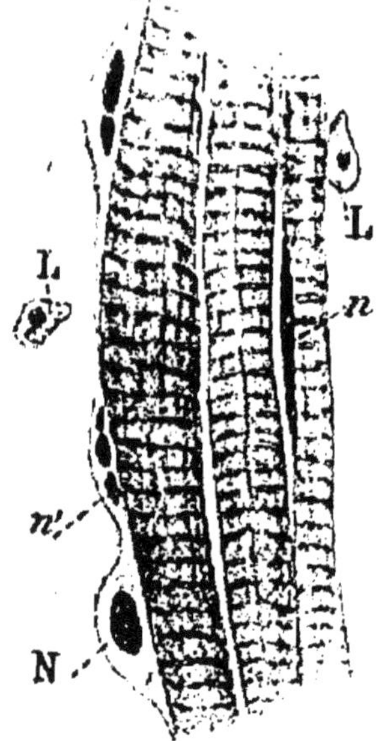

Fig. 7. — Histolyse partielle et commençante de muscles abdominaux. (Guêpe); N, noyau larvaire; n, n', noyaux provenant de la modification ou de la fragmentation des noyaux larvaires; L, leucocytes.

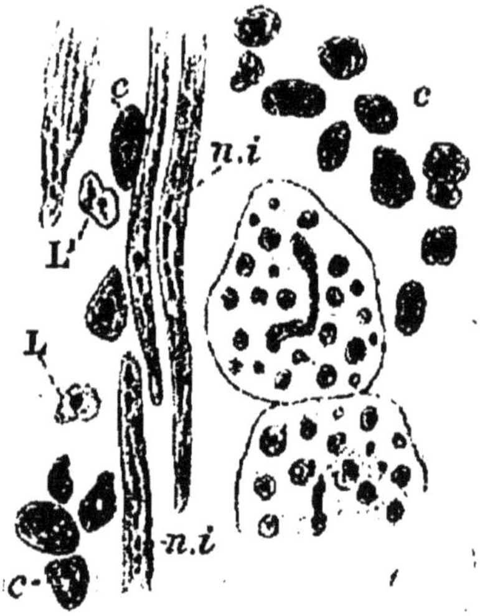

Fig. 8. — Histolyse plus avancée des muscles abdominaux; la striation a disparu; n, i, noyaux imaginaux; c, caryocytes qu'il ne faut pas confondre avec les leucocytes L, dont l'un, L', a deux noyaux.

décrits au paragraphe précédent. Ils sont cependant plus volumineux encore que les leucocytes dont ils diffèrent toujours par leur intense colorabilité.

Dans la suite, ils s'éloignent quelque peu de la fibre, tout en ne quittant pas son voisinage. Pendant quelque temps, ils forment autour des muscles (dont ils proviennent), des groupes assez régulièrement répartis à chaque segment de l'abdomen (1); puis ils régressent et disparaissent comme il a été dit à propos des autres sarcocytes.

(1) Il ne faut pas les prendre pour des cellules glandulaires issues de l'hypoderme, telles que les Drüzenzellen de Kowalewsky.

Quant à la fibre, elle perd sa striation primitive, diminue de grosseur, puis se sépare longitudinalement en fibres imaginales beaucoup plus étroites, où s'organisent des noyaux imaginaux, dérivés, eux aussi, des noyaux larvaires.

10. **Histolyse de muscles, suivie d'accroissement.** — Ceci s'appliquera aux muscles du thorax qui, très puissants et très volumineux chez l'adulte, servent à faire mouvoir les ailes (m. vibrateurs).

L'histolyse des muscles larvaires correspondants est remarquable par sa promptitude ; des noyaux larvaires sont éliminés sous forme de boules granuleuses ou de caryocytes plurinucléés ; mais le plus grand nombre des noyaux larvaires se résout en petits caryolytes, qui pourraient être considérés également comme des sarcocytes de dimensions exiguës, car on distingue, autour des fragments chromatiques, une aire très restreinte de nature protoplasmique, ou caryoplasmique. Mais la rapide régression de ces éléments justifie mieux, par la suite, le nom de caryolyte [1].

Sur les bords du faisceau musculaire, ces éléments sont aplatis et suivent le contour ; à l'intérieur, entre les fibres, ils sont arrondis ou polyédriques : par la façon dont ils sont groupés, on reconnaît assez bien l'alignement des fibres dont ils se sont séparés.

Pendant ce temps, les fibres larvaires subissent, comme dans le cas précédent, une réduction en volume et une histogenèse nouvelle dont nous parlerons plus loin.

Les caryolytes interposés entre les fibres imaginales sont d'abord fort nombreux, jusqu'à former par leur agglomération une sorte de tissu compact entre les jeunes fibres imaginales ; mais ils dégénèrent rapidement et deviennent de moins en moins nombreux : avant la fin de la nymphose, ils ont complètement disparu.

Tous ces phénomènes se passent sans l'intervention d'un seul leucocyte ; on en trouve parfois quelques-uns à l'entour de la masse musculaire, mais ils ne pénètrent jamais entre les fibres, et ne sont jamais mélangés aux caryolytes : leur pré-

---

[1] ANGLAS, J. Nouvelles observations sur les métamorphoses internes. *Archives d'anatomie microscopique* ; avril 1902.

sence peut donc être considérée ici comme absolument négligeable (¹).

11. Histolyse musculaire des Diptères. Active intervention leucocytaire. — Nous avons commencé par exposer les modes

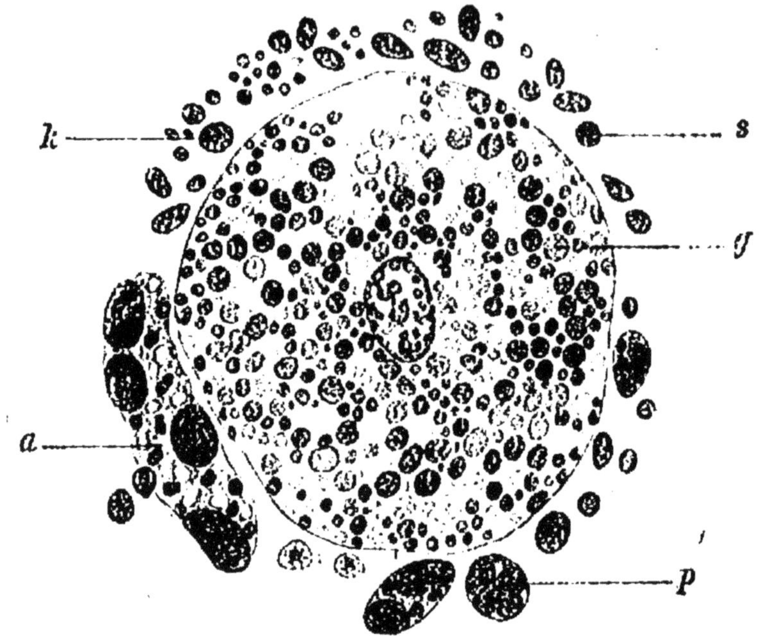

Fig. 9. — Histolyse intense chez les Diptères (*Calliphora vomitoria*) ; on reconnait une volumineuse cellule du corps adipeux d'une nymphe très avancée ; *a*, tissu graisseux imaginal avec caryocytes ; *g*, globule albuminoïde ; *k*, leucocyte ; *p*, phagocytes ayant englobé des fragments musculaires ; *s*, sarcolyte. — Cette figure est extraite de la Notice sur les travaux scientifiques de M. F. Henneguy, professeur au Collège de France (Naud, éditeur).

d'histolyse les plus fréquents, ceux que l'on retrouve, avec de légères modifications de détail, chez les Coléoptères, les Lépidoptères, les Névroptères, et, parmi les Diptères, chez les

(¹) Dans sa thèse (1902), Pérez, chez la Fourmi, décrit à ce même sujet une intense phagocytose leucocytaire : mais il reconnait n'avoir pas constaté l'origine leucocytaire de ce que nous appelons les caryolytes ; et, d'autre part, il ne leur a pas vu faire de phacocytose. Son affirmation ne parait donc point probante. Il serait du reste extraordinaire que la phagocytose fût particulièrement intense dans des muscles qui, loin d'être détruits, subissent un accroissement considérable.

cécidomyes. Il semble bien que, chez tous ces types, on n'ait pas retrouvé de véritables körnchenkugeln.

Ceux-ci n'ont été vus, jusqu'ici, que chez les Diptères supérieurs. Découverts par Kowalewsky chez les Muscides, étudiés également par van Rees, ils ont été décrits plus récemment par Berlese chez *Calliphora erythrocephala*. Voici les faits sur lesquels on s'accorde :

Les muscles détruits en premier lieu sont ceux de la région antérieure du corps, et spécialement les péribuccaux. L'altération du muscle commence par une désagrégation de la fibre en sarcolytes où se trouvent emportés de petits fragments de noyaux : on assiste donc à une dissociation de l'élément musculaire, très comparable à ce qui a été décrit dans les paragraphes précédents.

Alors interviennent les leucocytes : leur nombre est cette fois très considérable, et leurs rapports avec les fragments musculaires seront des plus étroits. S'insinuant entre les sarcolytes, ils les entourent et les englobent, achevant de constituer ce que Berlese appelle *sarcolytocytes*, qui ne sont autres que les körnchenkugeln.

Les petites masses ainsi constituées se comportent comme de véritables amibocytes et se dispersent dans la cavité du corps. Ils émigrent dans le voisinage de nouveaux muscles en voie d'histogénèse et leur substance est utilisée pour la nutrition des organes imaginaux : aussi voit-on les sarcolytes inclus diminuer de volume et disparaître, tandis que les leucocytes continuent à circuler dans le liquide cavitaire.

Les leucocytes prennent donc une part très active dans l'histolyse musculaire puisqu'ils aident à la désagrégation rapide de l'organe larvaire, et, très probablement, à sa digestion ultime. Il semble bien que l'on soit ici en présence d'une phagocytose bien caractérisée.

12. **Historique du problème de la myolyse.** — Viallanes [1] reconnut que l'histolyse des muscles, chez les Muscides, comportait plusieurs phénomènes distincts : la dégénérescence de certains noyaux et la prolifération d'autres noyaux donnant des « granules » qui envahissent la masse contractile.

---

[1] VIALLANES. *Ann. Sc. Nat. Zool.* Série 6. t. XIV. 1882.

Kowalewsky [1] découvre l'action des leucocytes dans la fibre qu'ils découpent en fragments pour les englober ; c'était l'application aux Insectes de la phagocytose découverte par Metschnikoff.

S. Mayer reconnaît que le muscle se fragmente d'abord avant toute intervention leucocytaire [2].

Bataillon [3] étudiant la métamorphose des Batraciens, fait les mêmes restrictions, et ne reconnaît aux phagocytes qu'un rôle accessoire, consécutif à une dégénérescence initiale.

Korotneff [4] montra, le premier, que la phagocytose ellemême n'était pas nécessaire : il n'en trouve nulle trace dans l'histolyse des muscles de la Teigne vulgaire. Il décrit une prolifération des noyaux larvaires, donnant sur le côté de la fibre des amas, des cordons plurinucléés (*Kernstrang*); ce sont manifestement l'équivalent des caryolytes et des boules à noyaux.

De Bruyne [5] reprend l'étude de *Musca vomitoria* et de *Bombyx Mori* : il conclut à l'intervention, mais toujours tardive, des phagocytes.

Dès lors, les deux séries de faits observés, régression avec ou sans phagocytose, deviennent le point de départ de deux théories : d'une part la dégénérescence chimique, et, de l'autre, la destruction par les phagocytes.

Rengel [6], d'après l'étude de *Tenebrio*, pense toutefois que les deux processus existent et coexistent.

Karawaïew [7], étudiant la métamorphose de *Lasius niger*, n'y retrouve point de phagocytose. Terre [8] arrive aux mêmes résultats chez l'Abeille.

Nous même, tout en reconnaissant, comme il a été exposé plus haut, l'intervention leucocytaire chez les Hyménoptères, nous n'y avons jamais constaté de phagocytose typique. Enfin

---

(1) *Loc. cit.*, V. p. 4, en note.

(2) MAYER S. *Zur Histologie der quergestreiften Muskeln*. Biol. Centralbl. Bd. IV. 1885 ; *Die Sogenannten Sarkoplasten*. Anat. Anzeiger, I, 1886.

(3) BATAILLON. Comptes rend. Soc. Biol. 1890 et 3 mars 1892, p. 185.

(4) *Loc. cit.*, V. p. 20, en note.

(5) *Loc. cit.*, V. p. 10.

(6) *Loc. cit.*, V. p. 4.

(7) *Loc. cit.*, V. p. 13.

(8) TERRE. *Comptes rendus. Soc. Biol.* — Nov. 1899 et janv. 1900 ; *Bull. Soc. Entomol.* 1900. p. 23.

Vernon, L. Kellog [1], observant des processus histolytiques différents, chez deux types assez voisins de Diptères, arrive à des conclusions analogues à celles de Rengel.

A l'heure actuelle Pérez [2] seul soutient la généralité du processus phagocytaire chez les Hyménoptères dont il s'occupe.

Les causes de divergence entre les auteurs sont multiples. Mettons à part la diversité des types étudiés. Il est certain qu'il n'en va pas de même chez les Muscides ou chez les Tinéides; s'il existe de la phagocytose chez les premiers, on n'en rencontre pas, au moins au même degré, chez les seconds; ce qui semble être conforme à la grande majorité des cas.

Il faut aussi tenir compte de la difficulté de lire les coupes et de bien interpréter certains éléments tels que caryolytes, caryocytes, lesquels peuvent parfois prêter à confusion. Nous avons vu quelles conséquences en résultaient pour l'interprétation des phénomènes. Or, les mémoires des auteurs sont trop souvent privés d'illustrations, et surtout d'illustrations suffisantes; aussi est-il souvent impossible de contrôler leurs opinions : il en est de même si des dessins, même artistiques, sont tant soit peu schématisés.

Il nous semble résulter de ce qui précède, et du résumé des observations de tous les auteurs, que la phagocytose est souvent nulle ou extrêmement partielle, accessoire et restreinte, au point de passer inaperçue. Chez les Muscides seuls le processus phagocytaire s'observe bien nettement et joue un rôle important dans l'histolyse et la métamorphose.

Mais alors, dira-t-on, les phénomènes sont différents suivant les cas ? Faut-il se résoudre à cette multiplicité de processus peu conforme aux lois naturelles, et surtout à celles de notre esprit, ou bien peut-on chercher une explication qui mette un lien entre des apparences dissemblables. — Ici interviennent des théories que l'on peut répartir en *théories absolues* et en *théories mixtes*.

THÉORIES ABSOLUES. — A. *Théorie phagocytaire.* — La phagocytose, telle que l'a définie Metchnikoff, consiste dans l'englobement d'un élément, vivant ou mort, par une cellule méso-

---

[1] VERNON L. KELLOG. *American Naturalist.*, mai 1981, p. 463.

[2] CH. PÉREZ. *Comptes rendus Soc. Biol.*, janvier 1900.

dermique libre ou fixée qui le transforme et le digère (au moins partiellement), par digestion intra-cellulaire. Ce savant a décrit le phénomène de phagocytose chez de nombreux Invertébrés (Echinodermes, Mollusques) [1], et en a montré également l'existence chez les Vertébrés ; (leçons sur l'Inflammation, Paris, 1892). La phagocytose se retrouve chez les êtres les plus inférieurs tels que les Amibes et aussi chez les Cœlentérés dont les cellules endodermiques jouissent de cette propriété. D'une manière générale, les leucocytes des métazoaires sont capables d'englober de petites particules, débris tissulaires, bactéries, etc., et concourent ainsi aux phénomènes de l'embryogénie, de la nutrition ou de la défense de l'organisme.

On pourrait se demander à priori si, chez les Arthropodes dont les tissus sont chitinogènes, les éléments cellulaires présenteraient cette même propriété. Mais il est fréquent de rencontrer des amibocytes porteurs d'inclusions de petite taille et, chez les Muscides, nous les avons vu englober de volumineux sarcolytes.

D'autre part, chez un Crustacé parasite, *Hemioniscus balani*, Caullery et Mesnil ont signalé une histolyse musculaire avec intervention de phagocytes [2]. Ces auteurs pensent, avec Metchnikoff, qu'il doit en être de même chez les Insectes.

Nous avons vu par de nombreux exemples qu'il n'est pas possible d'adopter une formule aussi simple. Pour soutenir le rôle agressif des leucocytes, on a fait remarquer que le muscle possédait souvent, au moment de leur intervention, son intégrité et sa striation normale. Mais il est évident que ces caractères ne sont pas une preuve suffisante de l'intégrité chimique et physiologique de l'organe. Le microscope ne décèle pas les modifications initiales dont les altérations de structure sont une conséquence, forcément ultérieure ; aussi l'argument est-il loin d'être probant.

On doit donc plutôt admettre que la phagocytose peut intervenir sans que cela soit nécessaire, et qu'elle ne le fait jamais

---

(1) METCHNIKOFF. *Untersuchungen über die intracelluläre Verdauung bei Wirbellosen und über die mesodermalen Phagocyten.* — Biol. Centralblatt. III. Bd. 1884.

(2) CAULLERY ET MESNIL. — *Sur le rôle des phagocytes dans la dégénérescence des muscles chez les Crustacés.* — Comptes rendus Soc. Biol., janvier, 1900.

que secondairement[1]. A la fin de la nymphose, les leucocytes contiennent assez souvent de petites inclusions qui sont des débris de tissus ingérés ; mais celles-ci sont si minimes que cette phagocytose tardive se présente seulement comme un phénomène complémentaire et accessoire.

B. *Régression chimique.* — En allant au fond des choses, c'est un fait admis, que tous les phénomènes biologiques et ceux de l'histolyse en particulier sont d'ordre purement physico-chimique. Mais les partisans de la régression chimique entendent par là que la modification initiale suffit à expliquer entièrement l'histolyse ultérieure. Telle est l'opinion de S. Mayer (1886), de Loos (1889), de Barfurth (1887), de Korotneff (1892), de Schäffer (1892) et de Terre (1899).

Berlese (1901) va plus loin encore, et, même lorsqu'il constate l'englobement de sarcolytes par les amibocytes, il conteste qu'il s'agisse là d'une véritable phagocytose : quand on parle de phagocytose — c'est son argument —, on exprime qu'il y a digestion, modification intracellulaire de la particule ingérée ; or, des réactions microchimiques montrent que le sarcolyte est déjà transformé en peptone soluble avant d'être englobé par le leucocyte, et que celui-ci ne lui fait subir aucune transformation chimique. Le leucocyte, ou plutôt le körnchenkugel ne serait qu'un véhicule et non un agent de digestion. Celle-ci serait due à l'action du liquide cavitaire où se sont extravasées les sécrétions de l'épithélium intestinal.

On peut objecter qu'il est difficile d'être affirmatif sur les résultats fournis ici par des réactions microchimiques particulièrement délicates. De plus, dans le cas de körnchenkugeln, si les sarcolytes étaient entièrement rendus solubles avant d'être englobés, pourquoi ne se dissolvent-ils pas à ce moment, et comment sont-ils ingérés à l'instar de particules solides ; le transport d'une substance fluide et assimilable n'aurait plus sa raison d'être. Enfin, dans ce cas, le phénomène décrit rentre dans le type bien classique de la phagocytose typique, et il semble difficile de l'en séparer.

Aussi la plupart des auteurs admettent-ils que si la régression

[1] La phagocytose est probablement un phénomène très primitif au point de vue phylogénétique ; mais, dans des groupes où ce processus a disparu, il a, quand on le retrouve, une signification différente : c'est alors un processus d'abréviation, ou cœnogénétique.

chimique seule peut suffire à l'histolyse, la phagocytose intervient parfois dans les cas où le processus est plus actif, ou nécessite des transformations spéciales de substance.

THÉORIES MIXTES. — A. *Autophagocytose ou phagocytose myoblastique.* — Nous avons signalé ce mode de dégénérescence où le noyau musculaire, plus ou moins hypertrophié ou fragmenté, semble exercer une action destructive sur le myoplasme lui-même. C'est ce que de Bruyne décrit chez *Bombyx Mori;* le processus est également signalé par Terre, chez l'Abeille et nous avons nous-même retrouvé, chez d'autres Hyménoptères, des aspects de préparation pouvant comporter cette interprétation. Rappelons enfin que Metchnikoff, partisan de la phagocytose leucocytaire chez les Insectes, interprétait, dès 1892, l'atrophie des muscles des larves de Batraciens comme une phagocytose myoblastique.

Quoi qu'il en soit, si l'on remarque que le phagocyte myoblastique (noyau musculaire et sarcoplasme) est destiné à bientôt régresser à son tour, ce processus apparaît simplement comme un stade de la dégénérescence chimique ; et s'il s'agit d'un cas où les noyaux musculaires continuent à évoluer et servent à l'histogenèse de nouveaux éléments, il semble encore que le sens du mot phagocytose soit ainsi trop étendu. Par définition, il implique que l'élément qui digère est distinct de celui qui est digéré ; en l'étendant aux phénomènes qui se passent dans un même élément, on lui enlève sa signification et sa précision primitives.

B. *Lyocytose.* — En employant ce terme [1], nous avons eu l'intention, moins de proposer une théorie d'union entre la phagocytose et la régression chimique, que d'exprimer le fait suivant : les organes larvaires qui doivent disparaître sont chimiquement dissous dans le liquide cavitaire ambiant, et par lui ; mais si la nécrobiose chimique est la première modification du tissu mortifié, elle n'est pas suffisante pour rendre sa substance assimilable par les tissus qui s'en nourrissent. Cette transformation ne peut être qu'une assimilation, une digestion par le liquide cavitaire lui-même. Or, ce liquide, d'où tire-t-il

---

[1] ANGLAS. J. *Note préliminaire. La lyocytose.* — Comptes rendus. Soc. Biol., janvier 1900.

les ferments capables d'effectuer cette transformation, sinon des éléments cellulaires vivants, et particulièrement des leucocytes qui représentent une glande vasculaire sanguine dissociée. Ceci n'exclut pas l'action également possible d'autres tissus (épithélium intestinal, etc.) ; mais puisque dans les cas de phagocytose, l'activité digestive des leucocytes est évidente, on est amené à penser que lorsqu'ils s'agglomèrent autour de l'organe en histolyse ou qu'ils pénètrent dans sa masse, leur action n'est pas très différente : ils concourent alors, par *lyocytose*, à transformer le liquide cavitaire en un dissolvant vis-à-vis du tissu mortifié ([1]).

Comprise de cette manière, l'action leucocytaire est pour ainsi dire graduée depuis la régression chimique dans sa forme pure jusqu'à la phagocytose elle-même.

Mais, nous le répétons, il faut étendre cette notion à tous les tissus vivants qui, par leurs sécrétions, modifient le liquide cavitaire.

13. Histolyse des tubes de Malpighi et des glandes séricigènes. — En plaçant dans ce chapitre l'étude de ces organes, nous ne voulons point dire, car ce serait inexact, qu'ils subissent une histolyse chez tous les Insectes, même holométaboliens ; mais cela correspond cependant à la grande majorité des cas.

L'histoire de ces deux appareils peut être réunie car les processus d'histolyse y sont identiques, et presque simultanés ; de la sorte, de fastidieuses répétitions seront évitées.

Chez les Lépidoptères et les Hyménoptères, la nymphe est plus ou moins complètement emmaillottée par un cocon, dont la soie est sécrétée par les glandes salivaires de la larve. Dès que l'insecte s'est immobilisé dans son enveloppe, ces organes, encore remplis d'un reste de leur sécrétion, rentrent en dégénérescence ; les contours cellulaires disparaissent, les membranes se résorbent et les protoplasmas se fusionnent. Les limites des cellules deviennent également imprécises, et il s'établit une continuité de substance entre l'intérieur du tube et son contour, jadis nettement cellulaire. Bientôt se forment de nombreuses vacuoles, de tailles diverses ; pendant ce temps, les noyaux subissent une dégénérescence granuleuse et se dis-

---

([1]) Ceci sans préjuger de la question de savoir si les ferments extracellulaires sont les mêmes que les ferments intracellulaires.

solvent dans le plasma ambiant ; ou bien encore, ils se condensent en une masse compacte qui se fragmente, se désagrège et se dissout un peu plus tardivement.

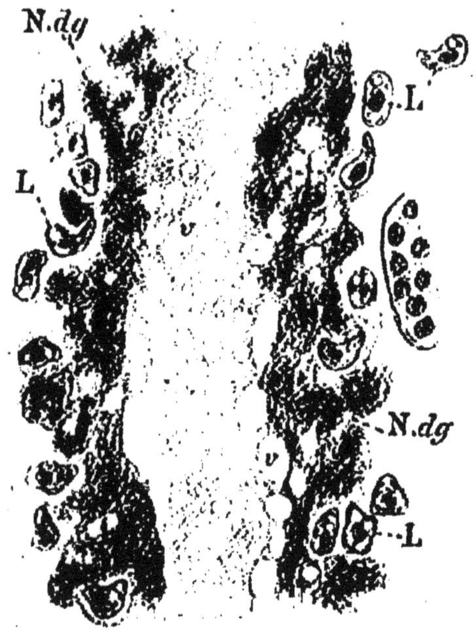

Fig. 10. — Histolyse d'un tube de glande salivaire d'Hyménoptère. Les noyaux *N.dg* sont en pleine dégénérescence; le protoplasme est vacuolaire (*v*); on voit, autour de l'organe, de nombreux leucocytes.

Le processus est identique pour les tubes excréteurs larvaires.

Rôle des leucocytes. — Peu après le début de la dégérescence, on constate autour de l'organe une affluence toute spéciale de leucocytes : ils se tiennent généralement à l'entour; souvent ils s'appliquent sur la surface externe de la glande ou du tube excréteur, sans jamais franchir la barrière que leur opposent les membranes cellulaires.

Mais quand celle-ci a disparu, ils s'aventurent, pour ainsi dire, sur le territoire de la cellule mortifiée ; ce qui coïncide avec un rapide achèvement de l'histolyse.

Quel est le rôle réellement rempli par les leucocytes? Tout d'abord, leur agglomération est un fait; on constate qu'ils contiennent souvent de petites inclusions, et surtout qu'ils augmentent le volume, et sont très vacuolaires : ils profitent évidemment de la régression des organes larvaires.

Agissent-ils comme phagocytes ? Récemment encore, Pérez a soutenu cette opinion [1]. Il convient cependant de remarquer, étant donné la petitesse et le nombre relativement restreint des inclusions que cette phagocytose, si elle est réellé, est extrêmement limitée, et, de plus, consécutive à la dégénérescence initiale des organes larvaires.

Il faut enfin remarquer que le protoplasme de leurs cellules en histolyse n'est pas un élément suffisamment solide pour former les petites inclusions mentionnées ci-dessus ; celles-ci, si elles proviennent des glandes séricigènes ou des tubes de Malpighi, ne peuvent être, semble-t-il, que d'origine nucléaire.

Nous sommes plutôt portés à retrouver ici un exemple de digestion extracellulaire, ou lyocytose, analogue à ce que nous avons vu pour les muscles, mais sans exclure la possibilité d'une intervention plus active allant jusqu'à la phagocytose avec tous les degrés d'intensité.

Peut-être enfin l'époque de l'année a-t-elle une influence sur la marche des phénomènes. Tandis que Kowalewsky décrit une phagocytose rapide chez les Muscides, van Rees, cette fois, ne constate, sur les générations printannières, qu'une dégénérescence simple sans leucocytes. — De Bruyne reconnaît que la dégénérescence simple précède l'arrivée des cellules migratrices, ce qui concorde avec nos propres observations.

Remarque. — Il est à présumer que le processus d'histolyse que nous venons de décrire est le plus banal, et que, chez nombre d'Insectes, il se retrouvera toutes les fois qu'un organe cellulaire disparaît au cours du développement. L'histolyse des muscles était un peu complexe en raison de leur haute différenciation histologique ; celle des glandes salivaires ou des tubes de Malpighi des Hyménoptères est probablement identique à celle des trachées, lorsqu'elles subissent une métamorphose véritable, (chez les Diptères, par exemple, ou chez les Lépidoptères). Peut-être enfin des phénomènes analogues se rencontrent-ils parfois pour l'intestin postérieur (v. p. 12).

14. **Histolyse de l'intestin moyen.** — L'intestin moyen forme chez les larves d'Insectes la partie la plus volumineuse et la

---

(1) PÉREZ. *Bull. Soc. Entom.*, nov. 1901, p. 307.

plus importante du tube digestif. Toujours rectiligne, il a la forme d'un cylindre relativement volumineux par rapport au reste du corps : il est capable de contenir une masse considérable d'aliments.

Dans les premiers temps de la nymphose, il subira une régression totale, et il sera remplacé par un nouvel intestin moyen, de moindre calibre, plus long et généralement contourné, d'une structure différente et d'une différenciation en rapport avec le nouveau mode de vie de l'animal.

Epithélium larvaire. — Il est constitué d'une assise unique de grosses cellules cubiques ou cylindriques ; une cuticule chitineuse sécrétée par le plateau forme un revêtement continu rejeté à chaque mue. Le noyau, ovoïde ou sphérique est lui-même assez volumineux ; de bonne heure il cesse de présenter des phénomènes de division.

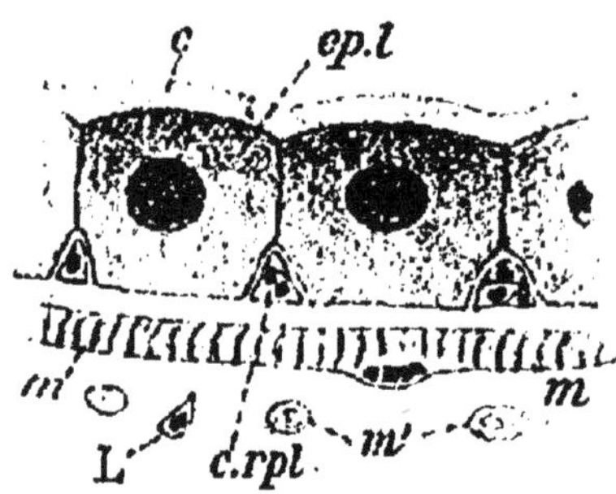

Fig. 11. — Epithélium de l'intestin moyen (*ep.l*) d'une larve d'Abeille; *c*, cuticule ; *m*, *m'*, les deux couches musculaires péri-intestinales ; L, leucocytes ; *c.rpl*, cellules de remplacement en voie de division.

A l'intérieur des cellules, on remarque parfois des granulations soit réfringentes, soit opaques, toujours de très petite taille mais constituant parfois, par leur agglomération une sorte de zone sous-cuticulaire : ce sont sans doute des produits de désassimilation et d'excrétion. Du reste on a reconnu que l'intestin moyen concourait à la fonction d'excrétion avec les tubes de Malpighi et avec le corps adipeux.

Cellules de remplacement. — A des stades extrêmement jeunes, il n'existe dans l'épithélium intestinal aucun autre élément cellulaire que les grosses cellules décrites plus haut. Mais si l'on pratique des coupes de larves un peu plus âgées, on constate, vers la base des cellules intestinales, la présence de cellules de moindre taille et qu'en raison de leur rôle ultérieur, on nomme *cellules de remplacement*[1].

[1] ANGLAS J. *Sur l'histolyse et l'histogénèse du tube digestif des Hyménoptères.* — Comptes rendus Soc. Biol., décembre 1898.

Ces nouveaux éléments sont sensiblement de la dimension des leucocytes qui, disséminés dans la cavité du corps, sont fréquemment rencontrées à la périphérie de l'organe, dans son voisinage immédiat, ou qui s'insinuent entre les fibres des muscles péri-intestinaux. Les cellules de remplacement ont la taille et l'apparence même de leucocytes.

Peu nombreuses au début, elle ne subissent pas encore de divisions ; mais leur nombre augmente rapidement, et chacune d'elles, se multipliant, donne naissance à un petit groupe cellulaire qu'on peut appeler *îlot de remplacement.*

Disposition des îlots de remplacement. — Ils sont toujours situés à la base des cellules larvaires. Tantôt, comme chez la Guêpe, ils sont logés dans des sortes d'échancrures, ou cryptes semi-circulaires qui n'englobent jamais les cellules de remplacement. La base de l'îlot, qui trace le diamètre du demi-cercle, est libre vers l'extérieur, sur le même alignement que la base des cellules larvaires voisines.

Chez l'Abeille, la forme de l'îlot est plutôt triangulaire, sa base étant libre et ses côtés formant un coin qui s'engage entre deux cellules larvaires contiguës.

Toutes les cellules larvaires ne sont pas, d'emblée, munies de leurs remplaçantes ; mais bientôt la disposition acquiert une régularité plus grande, non absolue : certaines cellules larvaires ont exceptionnellement à leur base deux groupes de cellules imaginales ; d'autres, mais plus rares, en sont privées.

Ces phénomènes se passent assez rapidement chez la larve jeune. Alors commence une période d'état, où les îlots de remplacement, ayant 6 ou 8 cellules, en moyenne, s'arrêtent dans leur développement pour ne reprendre qu'au début de la nymphose.

Pendant tout ce temps, on ne constate aucune modification dans les noyaux larvaires, lesquels sont et restent au repos. Il n'existe, d'autre part, aucune relation entre ce noyau et les cellules de remplacement qui en restent éloignées, et logées à l'extérieur de la cellule, dans la crypte qui leur correspond.

Origine des cellules de remplacement. — Malgré cela, Karawaiew pense que ces éléments dérivent du noyau larvaire, car il lui semble inadmissible qu'un organe endodermique soit remplacé par des éléments mésodermiques. Aussi recherche-t-il l'origine des éléments imaginaux dans de petits noyaux (?)

que l'on retrouve parfois dans les jeunes cellules larvaires. Mais sa description et la planche qui l'accompagne laisse place au doute. Sont-ce bien des éléments nucléaires? Jamais leurs rapports n'ont été constatés avec le noyau larvaire, et celui-ci reste au repos; jamais on ne les a vus devenir périphériques et constituer des cellules de remplacement. Il semble que ce soient plutôt des particules d'excrétion cellulaire.

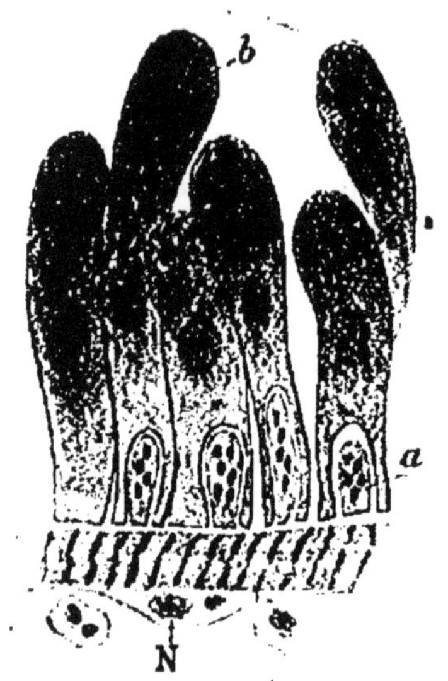

Fig. 12. — Intestin moyen, au début de la nymphose (Guêpe). Les cellules de remplacement (a) prolifèrent pour donner l'épithélium imaginal ; b, ancien épithélium en dégénérescence.

Pérez se range à l'avis de Karawaïew, mais il n'apporte pas d'observation concluante sur la provenance des éléments en question, dont l'origine remonterait, suivant lui, à la période embryonnaire.

Mais si l'on considère l'absence des cellules de remplacement chez les très jeunes larves, leur idendité avec les leucocytes, ainsi que leur mode d'apparition (en particulier chez l'Abeille), on est amené à considérer ces éléments imaginaux comme des amibocytes, venus du dehors et s'insinuant dans le tissu larvaire, en attendant leur évolution définitive. Quant à la question de feuillets embryonnaires, elle trouvera sa place à propos de l'histogenèse.

Histolyse de l'épithélium larvaire. — Dès que la larve cesse de se nourrir, le contenu de l'intestin moyen, parfois enveloppé d'une cuticule spéciale (membrane péritrophique), est rejeté par l'intestin postérieur; l'intestin moyen, vidé de son contenu, se contracte et diminue de calibre.

Les cellules qui le forment se serrent les unes contre les autres, et, de cubiques, deviennent allongées ; l'ancien plateau chitineux a déjà disparu, et les cellules se terminent, vers la lumière de l'intestin, par une partie arrondie. Bientôt elles s'étirent en forme de massue, prennent fortement les colorants ;

le noyau se déforme, perd la netteté de ses contours, et passe peu à peu dans la partie supérieure de la cellule où il se nécrose visiblement.

A ce moment, les cellules de remplacement ne sont plus inactives : elles ont proliféré et chaque îlot renferme de 10 à 20 petits noyaux dont les territoires cellulaires sont mal délimités. Puis elles franchissent leurs limites primitives, et l'îlot se mettant en contact direct avec la base même de l'épithélium intestinal, les cellules de remplacement envahissent le territoire larvaire.

Fig. 13. — Intestin ; stade plus avancé ; *d*, éléments nucléaires rejetés vers la lumière du tube digestif ; *ep. i*, épithélium imaginal en histogénèse ; *c*, caryocytes provenant du muscle péri-intestinal en histolyse.

La diminution de la largeur des grandes cellules a rapproché les îlots les uns des autres ; de la sorte, quand les cellules larvaires sont envahies, les groupes imaginaux se rejoignent latéralement et se fusionnent en un anneau imaginal ininterrompu ; (le terme de disque imaginal doit être rejeté, car il prête à confusion).

D'autre part, la portion mortifiée est rejetée à l'intérieur du tube digestif, tantôt en bloc, tantôt (comme chez la Guêpe) sous forme de languettes correspondant aux éléments cellulaires éliminés. On y voit des noyaux en régression dont l'aspect rappelle assez celui des caryocytes musculaires.

Les phénomènes d'histogenèse sont ici particulièrement liés à ceux de l'histolyse.

Remarque. — Nous retrouvons dans cet organe un exemple de cellules qui se nourrissent, par l'extérieur, au dépens d'un tissu mortifié. L'aspect d'une coupe, isolée des stades consécutifs, montrant la cellule de remplacement presque incluse dans la cellule larvaire pourrait faire croire *a priori*, que cette dernière est en train de phagocyter ; car c'est plutôt l'inverse qui a lieu, et la petite cellule se nourrit aux dépens de la grande. Bien que les cellules de remplacement ne soient pas la cause de la régression de l'épithélium intestinal larvaire, elles y contribuent en assimilant sa substance, au moins dans la région basilaire ; mais elles n'englobent jamais de débris cellulaire solide ; c'est ce que nous avons déjà nommé lyocytose.

CHAPITRE III

LES CARACTÈRES DE L'HISTOLYSE

1. **La dégénérescence initiale.** — De tout ce qui précède, il résulte que dans la majorité des cas la régression des tissus larvaires est la première manifestation de l'histolyse; parfois elle peut, à elle seule, entraîner la disparition totale de l'organe; elle suffit dans les cas d'histolyse partielle, lorsque les tissus sont seulement modifiés, même d'une manière considérable. Cette dégénérescence se manifeste par une fragmentation nucléaire, la perte de structure, la pigmentation et une colorabilité excessive; pour les muscles, il faut noter encore la disparition de la striation, la dislocation transversale et longitudinale de la fibre, suivie de sa dissolution; pour les éléments cellulaires le protoplasma devient vacuolaire des membranes disparaissant. L'action dissolvante du liquide cavitaire sur le tissu mortifié semble donc manifeste.

2. **Y a-t-il autophagocytose ?** — Nous posons la question sans la résoudre. On a vu en effet que, dans certains cas, les débris de myoplasme sont entourés par la gaine protoplasmique. On peut supposer que la partie contractile, plus différenciée subit une action digestive de la part de son sarcoplasme, plus vivant et plus actif. Mais nous avons déjà fait observer (p. 48) que l'autophagocytose peut être considérée, si elle existe, comme un des premiers stades de la régression chimique.

3. **Eliminations nucléaires et protoplasmiques.** — Un fait assez général, c'est le rejet par l'organe larvaire d'une portion souvent considérable de sa substance chromatique ou protoplasmique (caryolytes, sarcocytes). Cela se produit fréquemment lorsque le tissu disparaît entièrement, et aussi lorsque sa

transformation n'est que partielle. Nous en avons rencontré des exemples dans les muscles, mais on peut citer la métamorphose de l'intestin moyen : la base des anciennes cellules larvaires subsiste, et sert à la constitution du tissu imaginal, tandis que la partie supérieure est rejetée dans l'intestin.

Ces éliminations de substance amènent forcément une diminution de volume des éléments, et cela correspond à cet autre fait, que les éléments imaginaux sont toujours de taille inférieure à ceux de la larve.

4. **Agglomération leucocytaire.** — C'est un phénomène secondaire qu'on peut ne pas constater dans les cas d'histolyse partielle (muscles abdominaux et thoraciques des Insectes que nous avons pris pour type), mais qui ne manque jamais, semble-t-il, lorsque l'histolyse est totale (muscles céphaliques, glandes salivaires et tubes de Malpighi). Dans tous les cas, l'arrivée et l'accumulation des leucocytes, au voisinage ou au contact des organes en histolyse, ou sur leur territoire même, ne s'effectuent qu'après une régression initiale spontanée.

5. **Englobement et transport de fragments tissulaires par les leucocytes.** — Ce phénomène est moins constant que le précédent. Il est vrai que l'on rencontre parfois dans les leucocytes de petites inclusions dont l'origine est difficile à préciser ; alors même que ce seraient, selon toute probabilité, des débris infimes de tissus, leur masse est négligeable pour l'histoire de la disparition et de l'émiettement de ces tissus.

Pour ne parler que des gros histolytes englobés, nous avons vu qu'on ne les rencontre que chez certains Diptères, ceux qui présentent des körnchenkugeln véritables. Ces derniers ont alors une importance incontestable dans la dislocation, la dissémination et la destruction finale des tissus, et des muscles en particulier.

Notons encore que Ch. Pérez décrit chez *Formica rufa* de nombreuses inclusions éosinophiles qu'il considère comme des fragments de muscles ingérés.

6. **La Phagocytose.** — C'est en réalité au cas des Diptères que doivent être limités les exemples probants de phagocytose authentique et efficace. Encore avons-nous fait remarquer l'objection de Berlese qui refuse aux körnchenkugeln le pou-

voir de digérer les sarcolytes et ne les considère pas comme des phagocytes. Ayant déjà critiqué cette manière de voir, nous n'y reviendrons pas.

Il est plus important de remarquer, à un point de vue plus général, qu'après les observations de Kowalewsky, on crut trop vite à la généralité du processus phagocytaire, au point que métamorphose et histolyse semblaient synonymes de phagocytose. L'étude des faits conseille plus de prudence : il faut, d'une part, éviter toute confusion entre les leucocytes et les fragments nucléaires ayant une autre origine, et d'autre part, mieux préciser le mode d'action des leucocytes véritables. Beaucoup de résultats devraient être contrôlés à nouveau, en dehors de toute idée préconçue. Si ces réserves, évidemment graves, suscitaient de nouvelles recherches, celles-ci seraient fructueuses sans nul doute, quel qu'en soit le résultat ; car un fait bien observé comporte toujours son enseignement, et il subsiste au milieu de l'incessante évolution des théories.

CHAPITRE IV

LES PROCESSUS DE L'HISTOGENÈSE

L'histogénèse simple ayant fait l'objet du premier chapitre, il nous suffira de reprendre l'étude de certains tissus qui ont présenté des phénomènes d'histolyse partielle.

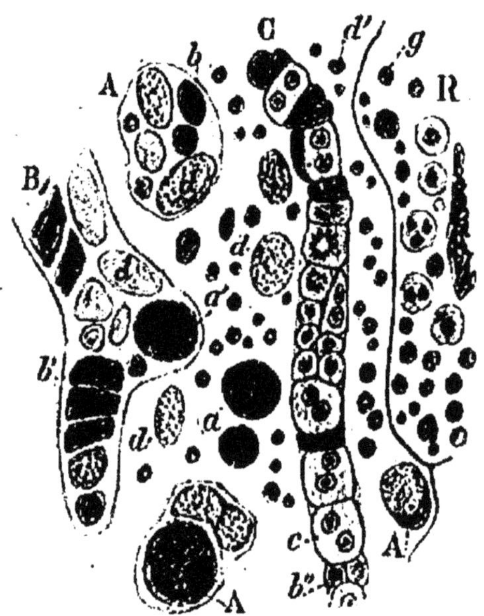

Fig. 14. — Histogénèse du tissu adipeux imaginal chez *Calliphora*. A.A', sphérules granuleuses à divers degrés de développement ; *a*, caryocytes provenant des noyaux larvaires ; *b*, *b'*, *b"*, les mêmes après plusieurs divisions ; B, C, colonnettes de tissu adipeux imaginal résultant de sphérules granuleuses ; *c*, cellule imaginale ; *d*, *d'*, sarcolytes de diverses tailles. R, cellule adipeuse nymphale avec granulations albuminoïdes *g*. (Imité de Berlese).

1. **Tissu adipeux imaginal.** — Quand il existe un tissu adipeux, ou, plus généralement, du tissu conjonctif de deuxième

formation, il se constitue aux dépens d'éléments conjonctifs revenus à l'état embryonnaire. Ce sont principalement ces noyaux musculaires éliminés pendant l'histolyse et que nous avons appelés sarcocytes et caryocytes.

On voit donc que ces éléments ont, suivant les cas, un avenir différent : tantôt, ainsi que nous l'avons décrit pour les Hyménoptères, ils disparaissent après une phase amiboïde assez courte ; tantôt ils peuvent (chez les Diptères), retourner à l'état embryonnaire et se différencier à nouveau, soit en amibocytes, soit en tissu adipeux imaginal.

Mais celui-ci n'existe pas toujours. Nous savons, en effet, que le tissu larvaire subsiste souvent, plus ou moins modifié, et se retrouve pendant toute la vie, généralement courte, de l'imago. Parfois encore, le tissu adipeux larvaire coexistera avec celui de nouvelle formation (Muscides); toutes les variations de détail peuvent se rencontrer.

Évolution des noyaux musculaires larvaires. — C'est à Berlese que l'on doit les renseignements les plus précis à ce sujet et nous résumerons sa description d'après *Calliphora érythrocéphala* (1).

Les sarcolytes sont assez volumineux chez les Diptères : Berlese les nomme alors *sphérules granuleuses* (fig. 14). Peu à peu les noyaux musculaires se séparent des fragments arrondis (ou granules) de myoplasme dégénéré, et ils les rejettent dans la cavité du corps; ils sont alors dissous, ou englobés par des amibocytes.

Les noyaux musculaires se divisent à ce moment, et cette prolifération donne naissance à des cellules conjonctives dont le protoplasme est moins opaque, et dont la structure nucléaire est plus visible : bientôt on peut constater que la division se fait par caryocinèse.

Ces cellules, à divers stades de leur évolution, sont disposées en chapelets ou en colonnettes qui vont constituer le tissu adipeux imaginal : celles-ci s'appliquent sous l'hypoderme ou longent les cellules adipeuses larvaires, aux dépens desquelles elles semblent se nourrir et s'accroître. Quoi qu'il en soit, ce tissu imaginal se charge de réserves adipeuses d'autant plus abondantes que la larve a été mieux nourrie.

---

(1) BERLESE. *Loc. cit.*, V. p. 21, en note.

D'autres fois, les cellules provenant des éléments musculaires deviennent plus ou moins fusiformes et sont rangées en strates irrégulières. Souvent même elles se séparent les unes

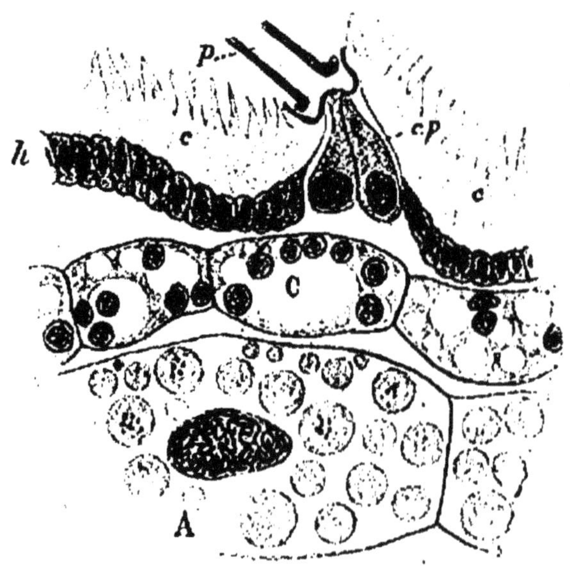

Fig. 15. — Tissu adipeux chez un adulte né récemment (*Calliphora erythrocephala*). A. Tissu larvaire ; C, tissu imaginal ; *h*, hypoderme ; c, cuticule ; *cp*, cellule à la base d'un poil *p*. (D'après Berlese; fig. 37; Pl. III, de l'ouvrage désigné en note, p. 21.)

des autres et redeviennent migratrices : il n'y a plus lieu de parler de tissu adipeux imaginal.

En rapprochant ces faits de ceux que nous avons observés sur les Hyménoptères, nous dirons que la formation du tissu adipeux imaginal n'est pas un fait constant ; chez beaucoup d'Insectes, les sarcocytes, sorte de conjonctif de deuxième formation, n'ont qu'une existence éphémère, et ils ont disparu chez l'adulte.

2. Tissu musculaire imaginal. — Il dérive du tissu musculaire larvaire qui, chez les Insectes holométaboliens, subit toujours une histolyse partielle pour passer chez l'adulte. A la suite des éliminations nucléaires sur lesquelles nous avons insisté, la quantité de chromatine a notablement diminué dans le muscle. Bien que nous ayons décrit un certain nombre de modes de fragmentation nucléaire, il en est un que nous avons passé sous silence, car il se rapporte exclusivement à l'histogenèse.

Origine des noyaux imaginaux ; muscles longitudinaux du corps. — Certains fragments nucléaires issus du noyau larvaire ne sont pas rejetés hors de la fibre, mais ils s'insinuent dans le sarcoplasme périphérique. Ils sont toujours de très petite taille, bactériformes, souvent en files linéaires de deux ou trois. Signalés par van Rees chez les Muscides, ils ont été décrits par Terre et par nous même chez les Hyménoptères. Leur situation, toujours à proximité d'un gros noyau larvaire, indique leur lieu d'origine.

Ils n'ont pas de structure appréciable au début ; mais, vers la fin de la vie nymphale, ils grossissent un peu et ils s'entourent d'une fine membrane qui les réunit par petits amas ; ils sont le plus souvent alignés dans le sens de la fibre.

Celle-ci dérive de la fibre larvaire qui s'est réduite en volume et acquiert peu à peu une nouvelle situation, souvent plus fine et moins marquée que l'ancienne.

Cette description correspond à un minimum de métamorphose pour l'élément contractile : à aucun moment la disposition primitive n'a cessé d'être reconnaissable.

Muscles du thorax. — Le remaniement du tissu larvaire est ici plus considérable. Après la dislocation des fibres et l'émiettement des noyaux larvaires en nombreux caryolytes, l'ancien muscle ne forme qu'une plage confuse où l'on retrouve, par un examen attentif, quelques-uns des noyaux primitifs. Mais leurs contours manquent de précision; ils sont déjà profondément modifiés. Peu à peu les plages de substance contractile se dessinent assez régulièrement ovalaires autour de ces noyaux larvaires à peine reconnaissables ; entre elles, mais sans rapport direct, on peut voir les caryolytes extrêmement nombreux (fig. 16).

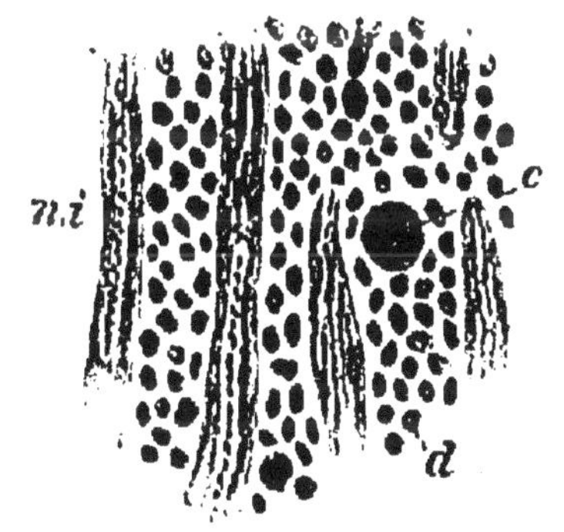

Fig. 16. — Histogénèse des muscles du thorax (Guêpe) ; *n.i*, noyaux imaginaux ; *c*, caryocytes provenant de noyaux larvaires ; *d*, caryolytes de même origine.

Un fort grossissement fait discerner dans le noyau larvaire des sortes de bâtonnets serrés les uns contre les autres, quelques-uns ont déjà franchi le contour du noyau dont la membrane a disparu. Les bâtonnets chromatiques forment une sorte d'essaim qui, aux stades suivants, se répand dans toute la plage contractile, émigrant de son centre à sa périphérie.

La substance contractile s'allonge dans le sens du corps et constitue peu à peu les fibres imaginales, plus minces mais beaucoup plus nombreuses que les fibres larvaires, de sorte que, finalement, le muscle a augmenté de volume. Les noyaux bactériformes grossissent et acquièrent leur structure définitive.

Pendant ce temps le nombre des caryolytes interposés entre les fibres diminue rapidement. Avant l'éclosion ils ont tous disparu ; peut-être leur substance est-elle utilisée par le muscle en histogénèse. En dernier lieu les fibres prennent insertion sur des apodèmes chitineuses d'origine exodermique, et acquièrent leur striation transversale.

Muscles péri-intestinaux. — Les modifications profondes de l'intestin ont leur retentissement sur l'appareil musculaire, les noyaux se fragmentent, les fibres se morcellent et se résorbent, à tel point qu'on ne peut plus rien distinguer du plan primitif de cette musculature. Dans cet amas confus, certains fragments nucléaires attirent l'attention par une disposition assez semblable à celle que nous avons décrite plus haut. Ils dessinent des sortes de boyaux allongés où la chromatine se distribue régulièrement ; ils forment de petits amas de granules très ténus, à l'intérieur d'une mince membrane ; puis chacun de ces amas s'entoure lui-même d'une minuscule capsule qui tend à s'écarter des voisines. Il devient alors difficile de décider si l'on a affaire à un seul noyau pluriloculaire, ou bien à plusieurs noyaux imaginaux de très petite taille en série linéaire : cette dernière interprétation semble plus exacte, par comparaison avec ce qui se passe dans les autres muscles.

Remarque. — Provenant de l'histolyse des muscles longitudinaux ventraux, on retrouve de place en place, chez la nymphe des plages formées des fibres détruites et de nombreux fragments nucléaires : on ne peut dire exactement quand finit l'histolyse et où commence l'histogenèse. C'est en effet de là que proviennent des muscles imaginaux par des processus qui suivent toujours la même marche générale.

Berlese a donné le nom de *myocytes* aux éléments embryonnaires, dérivés de l'histolyse des noyaux et des fibres larvaires et qui s'organisent ultérieurement en fibres imaginales.

3. **Histogenèse de l'intestin moyen.** — Elle accompagne et suit de près l'histolyse de l'ancien épithélium (fig. 13).

Les îlots de remplacement ayant constitué un anneau continu, celui-ci représente un épithélium imaginal assez épais, formé de plusieurs assises cellulaires peu distinctes. Au moment où le tube digestif s'allonge pour devenir celui de l'adulte, toute la paroi s'étire et s'amincit ; de sorte que les cellules imaginales ne sont plus, en définitive, que sur une seule rangée ; leurs contours se précisent et les différenciations se produisent peu à peu (formation des glandes rectales, etc.).

4. **Origine des éléments imaginaux.** — *Muscles.* — Les éléments musculaires imaginaux sont des dérivés immédiats des éléments larvaires correspondants. On pourrait dire, malgré les phénomènes d'histolyse, que l'on assiste à l'évolution d'un même appareil contractile.

Il se passe donc quelque chose d'assez analogue à la formation, chez les Vertébrés, de reins successifs, provenant tous d'éléments mésodermiques homologues. On sait que le pronéphros, le mésonéphros et le métanéphros se succèdent, ontogénétiquement et phylogénétiquement : chacun se substitue au précédent quand il est rentré en histolyse. Cette substitution d'organes a fait parfois penser que ces différents reins caractérisaient des stades de l'évolution séparés par une métamorphose. En réalité, on assiste au développement d'un organe unique, le rein. Nous pouvons en dire autant de l'appareil musculaire de l'Insecte en notant toutefois deux différences : le muscle larvaire est fonctionnel pendant une assez longue période de développement, et son histolyse est, en somme, considérable.

On voit donc que la métamorphose si elle peut être présentée sommairement comme une destruction suivie d'une rénovation, se révèle parfois sous des modes moins brusques qui la rattachent à l'embryogénie la plus normale.

En étendant plus loin encore notre comparaison, on pourrait rappeler les formations secondaires des végétaux supérieurs : à chaque printemps, du tissu parenchymateux resté ou redevenu embryonnaire, produit dans la tige ou la racine de nouveaux tissus, (bois et liber), qui s'ajoutent à ceux des années précédentes. Ici encore, ce développement intermittent est comparable à une métamorphose.

Conjonctif. — Quand il se produit du tissu adipeux imaginal, ce n'est pas au dépens du tissu adipeux larvaire. Ce sont des éléments musculaires, redevenus embryonnaires, qui reconstituent un tissu conjonctif de deuxième formation. Le changement est plus considérable : encore faut-il remarquer que cette substitution d'un organe à un autre se fait par des éléments ayant une origine conjonctive commune.

En cherchant des analogies en dehors du groupe des Insectes, on peut citer, chez les Vertébrés, la substitution du tissu osseux au tissu cartilagineux. L'un et l'autre sont mésodermiques, mais leur succession constitue une sorte de métamorphose du squelette; il se produit une histolyse, sans phagocytose, du tissu cartilagineux primitif.

Intestin. — Les cellules de remplacement sont d'origine mésodermique puisque, — nous pensons l'avoir démontré — elles ne diffèrent en rien des leucocytes. Or, elles se substituent aux cellules épithéliales de l'intestin moyen qui, d'après les théories classiques, est toujours formé par le feuillet interne ou endoderme : cependant Lécaillon a montré, chez les Chrysomélides, qu'il était de provenance exodermique. Quoi qu'il en soit, les cellules larvaires sont remplacées par des éléments appartenant à un autre feuillet.

La singularité de ce fait a conduit Karawaïew à rechercher une provenance endodermique aux cellules de remplacement, et nous avons déjà critiqué ses résultats (p. 53). Il nous semble qu'une question de feuillets embryonnaires est d'un ordre trop théorique pour trancher une question, surtout quand les faits observés appellent une solution opposée. Au reste, au point de vue théorique même, quelques observations se présentent à l'esprit :

1° La segmentation, chez les Insectes, étant périvitelline, le blastoderme est comme un exoderme primitif où tous les feuillets prennent leur origine commune. (Les cellules génitales dont la différenciation est très précoce, constitueraient seules un véritable feuillet indépendant.)

2° Les œnocytes sont un exemple de cellules d'origine exodermique devenant mésodermiques et amiboïdes ;

3° La métamorphose de l'intestin moyen présente des caractères très particuliers : elle est préparée dès les premiers stades larvaires par l'intervention des cellules de remplacement ; or cela se passe à un moment où, dans aucun autre organe, on ne peut trouver trace de la future transformation.

Ce caractère est au moins aussi spécial que le changement de feuillet ; la raison peut en être cherchée dans une signification différente de la métamorphose de l'intestin. Ici ce n'est plus un organe qui évolue ; c'est un appareil qui se substitue véritablement à un autre. Il semble que l'intestin larvaire soit un appareil d'adaptation qui usurpe, pendant la vie larvaire, la place du tube digestif proprement dit : celui-ci, représenté par les cellules de remplacement, se prépare de bonne heure, mais il ne peut se constituer que lorsque l'intestin larvaire a perdu sa vitalité avec sa raison d'être ; son histogenèse s'achève alors par des processus cœnogénétiques d'une interprétation difficile.

Telle est du moins l'explication qui nous semble correspondre à cette métamorphose très particulière.

Remarque. — D'une manière générale, le terme de tissus imaginaux ne doit point faire croire que leurs éléments ne se forment que tardivement, chez l'imago ou chez la nymphe : beaucoup préexistent chez la larve, et les cellules de remplacement en sont le meilleur exemple. Seuls, la disposition et l'accroissement définitifs sont véritablement imaginaux.

CHAPITRE V

LE DÉTERMINISME DES MÉTAMORPHOSES

Nous n'avons examiné les faits, jusqu'à présent, qu'au point de vue morphologique, nous bornant, quand il y avait lieu, à l'interprétation des processus en eux-mêmes. Il reste maintenant à en chercher la signification, et, remontant des faits à leur cause immédiate, à nous demander quel est le déterminisme des métamorphoses.

1. **La théorie phagocytaire.** — *Les métamorphoses et les processus de l'inflammation.* — La découverte des phénomènes de phagocytose accompagnant le métabolisme ont permis d'établir une intéressante comparaison entre ces processus et ceux de l'inflammation, si bien étudiés par Métchnikoff. On sait qu'il se passe alors une diapédèse intense et que le rôle des phagocytes y est des plus actifs.

Plusieurs fois déjà, nous avons essayé de préciser la part qui revient réellement à la phagocytose pendant l'histolyse des métamorphoses (p. 10, 17, 27, 38, 45, 50). En nous plaçant maintenant à un autre point de vue, nous remarquerons que les partisans de cette théorie sont allés parfois jusqu'à considérer la phagocytose comme la cause même du métabolisme : les leucocytes seraient pris d'une suractivité spéciale, attaqueraient les tissus encore intacts et les détruiraient : ils détermineraient donc la métamorphose.

Comme preuve de la possibilité d'une pareille attaque, on cite l'englobement de bactéries vivantes et virulentes par les phagocytes de Vertébrés ; mais la comparaison est peut-être un peu lointaine pour être probante relativement au groupe des Arthropodes.

Objections. Cette manière de voir est combattue d'abord par les faits que nous avons rapportés; mais, sur le terrain de la théorie, on peut encore, avec M. Giard, lui opposer de graves objections :

Bien que la digestion intracellulaire ait, sans doute, précédé phylogénétiquement la digestion extracellulaire, la phagocytose apparaît dans la métamorphose comme un processus d'abréviation ou cœnogénétique : elle n'est manifeste que chez les Diptères cycloraphes, les Crustacés parasites, ou les larves urodèles d'Ascidies. Chez les Insectes hémimétaboliens et chez la plupart des holométaboliens, elle est remplacée par la nécrobiose chimique que l'on peut vraisemblablement interpréter comme une action cytolytique à distance (digestion extracellulaire ou lyocytose).

Voici encore une remarque de la plus haute importance : pourquoi cette activité dévorante des leucocytes se porterait-elle électivement sur certains tissus et non sur les autres ? Ce mode d'action implique une prédétermination, une prédestination absolument antiscientifique. Ou bien, pour être logique, il faut rechercher une cause à cette suractivité leucocytaire, et ceci nous amène à parler de la théorie de Ch. Pérez.

2. **Théorie de la crise génitale.** — Le point de départ de la métamorphose serait la prolifération des disques imaginaux, à la suite de la surnutrition de la larve.

« Cette multiplication extrême d'éléments *ne pas va sans* rejeter « dans le milieu interne une grande quantité de substances, « *capables au premier chef* d'intervenir dans les conditions de « la lutte entre les divers éléments histologiques, *stimulines* « pour les uns, *toxines* pour les autres; *capables* de modifier « les chimiotactismes, et de *permettre aux leucocytes* de détruire « ce qui constituait un organisme nourricier, pendant que s'é- « difie un organisme surtout reproducteur. » Il y a donc substitution d'un organisme à un autre, et les individualités physiologiques de la larve et de l'adulte sont considérées comme distinctes. « C'est la prolifération des cellules reproductrices « qui *peut être considérée* comme déterminant celle des disques « imaginaux. La métamorphose est donc une crise de maturité « génitale (1). »

(1) Ch. Pérez. *Sur la métamorphose des Insectes.* — Bull. Soc. Entom. de Fr., déc. 1899, p. 400. Les mots soulignés l'ont été par nous.

Objections. — Cette explication se présente avec une séduisante simplicité; mais il faut voir si elle résiste aux objections, d'ailleurs nombreuses, qui lui ont été faites dès sa naissance.

Bataillon [1] montre le caractère absolument hypothétique des diverses propositions accumulées par Ch. Pérez. Une grosse difficulté se rencontre d'abord, précisément avec les fourmis étudiées par cet auteur : chez ces Insectes, comme chez beaucoup d'Hyménoptères, les gonades, ou cellules génitales n'arrivent pas à maturité chez le plus grand nombre des individus qui restent des neutres, c'est-à-dire des femelles à organes génitaux atrophiés. Il ne peut donc être ici question de crise de maturité génitale. Inversement, il arrive chez certains Insectes, comme le Lampyre ♀, que le développement génital ne s'accompagne pas de métamorphoses; la femelle n'acquiert pas les ailes et la forme de l'adulte; les disques imaginaux n'ont pas fonctionné; le développement génital n'a eu sur eux aucun retentissement. Cet exemple de pædogenèse montre qu'il n'existe point de coordination entre ces faits qu'on voudrait rapprocher.

On peut citer encore l'exemple de certains Sphynx des générations d'automne, dont les glandes génitales restent atrophiées, sans que la métamorphose diffère de celle des individus normalement sexués. Enfin, quand on a pu pratiquer la castration sur des chenilles, l'Insecte a continué à évoluer sans aucun trouble morphologique ou physiologique appréciable [2].

3. La théorie asphyxique. — Bien autrement établie est la théorie qui s'appuie sur les phénomènes asphyxiques pour expliquer le déterminisme des métamorphoses. Les recherches de Bataillon sur les métamorphoses des Batraciens et des Poissons, sur celles du ver à soie, et les expériences de Terre

---

[1] BATAILLON. *Bull. Soc. Entom. de Fr.*, 14 février 1900, p. 58-62. GIARD. *Bull. Soc. Entom. de Fr.*, 14 fév. 1900, p. 54-57.

[2] A l'appui de sa thèse, Pérez citait, d'après Mesnil et Caullery, la métamorphose, chez les Annélides, de la forme atoque en forme épitoque : le développement des cellules génitales s'accompagne de la disparition progressive des réserves et de la réduction considérable de l'intestin. — C'est là un exemple particulier où les produits sexuels arrivent à remplir presque tout le corps; mais y a-t-il bien relation de cause à effet? Et puis, quelle est la cause; le développement génital, ou la régression des autres organes, et comment le savoir?

sur divers Insectes holométaboliens, viennent corroborer et compléter des résultats déjà anciens de P. Bert (Soc. Biol. 1885).

Accumulation de CO^2 dans le milieu intérieur. — En étudiant la courbe d'élimination du gaz CO^2 et les variations du rapport $\frac{CO^2}{O}$, ces savants ont constaté les faits suivants :

Chez les holométaboliens, tels que *Bombyx Mori*, l'activité respiratoire de la larve est grande et atteint son maximum la veille du jour où elle file son cocon.

Dès qu'elle est devenue chrysalide, la quantité de gaz CO^2 excrété diminue très notablement, ce qui dénote une diminution de la puissance respiratoire ; mais la consommation d'oxygène reste sensiblement la même (sans être aussi forte que la veille du filage). Le rapport $\frac{CO^2}{O}$ est alors < 1.

Que devient donc le CO^2 provenant des combustions entretenues par l'oxygène, puisqu'il n'est pas rejeté ? Il doit être accumulé dans les tissus. C'est ce que *vérifient* les expériences de Bataillon. Par le vide et la chaleur, il extrait tout le gaz carbonique du corps de la chrysalide : les courbes représentatives de ses mesures quotidiennes (depuis le début du filage jusqu'à l'éclosion), ont exactement l'allure inverse des courbes figurant les quantités de CO^2 éliminé [1].

Il y a donc bien accumulation de CO^2 dans le milieu intérieur, et la conséquence en est un état semi-asphyxique des tissus. Après l'éclosion, les courbes de CO^2 et de $\frac{CO^2}{O}$ se relèvent un peu, bien que la respiration du papillon soit moins active que celle de la chrysalide à la veille du filage ; puis la puissance respiratoire va diminuant de jour en jour.

Chez les Poissons, Bataillon arrive à des résultats analogues. Il y a baisse de la courbe de CO^2 à partir du stade qui précède l'extension du blastoderme à la surface des réserves vitellines, et ralentissement des échanges respiratoires. Cela se traduit par un changement d'allure dans la segmentation qui se loca-

---

[1] Bataillon, *Métamorphose du Ver à soie et son déterminisme évolutif.* — Bull. scient. de la Fr. et de la Belg., t. XXV, 1893. — *Nouvelles recherches sur le mécanisme de l'évolution.* — Arch. d'Anat. expérim. 3ᵉ série, t. V, p. 282-317.

lise sur le bord ; mais quand l'exoderme se développe, la courbe se relève (1).

Les phénomènes montrent bien l'importance des échanges gazeux comme critérium des métamorphoses ; les derniers résultats cités sont d'autant plus probants que, dans la segmentation des œufs de Poissons, le gaz CO^2 constitue le seul déchet organique : la courbe respiratoire marque donc exactement les oscillations de l'activité vitale (2).

Autres troubles de la nutrition. — Chez les Insectes, les mêmes auteurs ont également constaté, pendant la nymphose, une modification de la *transpiration cutanée*, qui, très active chez la larve, se ralentit chez la nymphe et reprend son taux normal à l'éclosion.

La *pression interne* varie simultanément, et le sens de ses variations explique celles des échanges osmotiques, qui sont, on le sait, en raison inverse des pressions exercées sur les deux faces de la membrane. Tandis que le ver à soie non mûr éclate quand la pression extérieure s'abaisse à 70 millimètres, la larve, aussitôt après le filage, résiste au vide : il y a donc dépression du milieu intérieur dès que la chenille a vidé le contenu de ses glandes salivaires et celui de son intestin.

La *fonction glycogénique* présente des variations intéressantes. Il y a d'abord accumulation considérable de glycogène (due à l'histolyse ?) ; puis le sucre apparaît dans la chrysalide, après avoir fait défaut pendant la vie de la chenille. On peut penser que cette glycémie est liée à des conditions, analogues à celles où se produit le sucre dans le foie des vertébrés, lorsqu'on refait l'expérience classique de Cl. Bernard : le pouvoir de transformation du glycogène en sucre augmente d'abord lorsque diminue la vitalité des cellules hépatiques ; ce serait le

(1) Bataillon. Arch. Zool. Exper. 3e série, V, p. 282-317.

(2) L'intoxication que l'on constate chez les êtres en voie de métamorphose, ne tient pas à des variations du milieu extérieur, mais à celles du milieu intérieur lorsque les appareils d'excrétion sont insuffisants ou usés. A ce point de vue, on peut considérer les Ascidies comme des animaux normalement en état de métamorphose, chez elles, l'excrétion se fait mal, et de plus, les bactéries qui les infestent créent constamment dans leur organisme des causes d'intoxication. — G. Bohn : *Dyspnée toxi-alimentaire*. Thèse. Méd. Paris, 1898.

cas des éléments cellulaires de la chrysalide quand ils sont dans un état de semi-asphyxie.

Troubles circulatoires. — Les troubles asphyxiques ont un retentissement sur la circulation. Malpighi avait déjà constaté que la circulation changeait de sens chez la nymphe, et Réaumur admettait qu'il existait deux circulations distinctes, celle de la larve et celle de la chysalide.

Bataillon, par des expériences précises, a constaté une série de faits particulièrement intéressants.

Chez le ver à soie, au deuxième jour du filage, apparaît une circulation inverse, *alternant* à intervalles réguliers avec la circulation directe; puis on constate une prédominance graduelle de la circulation inverse. Vers le début de la nymphose, retour à la circulation directe; pendant quelque temps, circulation indifférente, à laquelle fait suite, en définitive, chez la chrysalide, la circulation inverse. Mais à la veille de l'éclosion, la circulation directe, d'arrière en avant, se trouve rétablie.

Ces modifications de rythme sont probablement en rapport avec la marche de l'histolyse.

Relation entre l'asphyxie et la métamorphose. — Les cellules sexuelles peuvent être considérées comme des cellules somatiques ayant subi de bonne heure une intoxication particulière. Ne voit-on pas, chez les Vers parasites internes, un grand nombre d'éléments se transformant en cellules génitales sous l'influence asphyxique de leur mode de vie? Une nouvelle intoxication détermine la poussée génitale. Ainsi s'expliquent la progénèse et la pædogénèse, résultat de poussées génitales précoces, dues à une intoxication d'origine externe ou interne, lorsque l'appareil rénal est insuffisant. Les métamorphoses reçoivent la même explication, et Bataillon conclut que la maturation génitale est l'effet, et non la cause de la métamorphose.

Phénomènes de pigmentation. — Le gaz CO^2 ne constitue pas l'unique déchet dont on constate l'insuffisante élimination pendant la métamorphose. Il faut signaler aussi les pigments dont le rôle et la signification ont été bien étudiés par Bataillon, et par G. Bohn qui a résumé les faits acquis à ce sujet dans un intéressant fascicule de cette collection ([1]); le lecteur curieux de plus de détails voudra bien s'y reporter.

Chez les Batraciens, on constate qu'à partir du moment où apparaissent les membres antérieurs, il s'accumule du pigment sous la peau. Bataillon a décrit des émissions chromatiques (boyaux et balles chromatiques), dans les cellules des épithéliums en voie de formation (région céphalique branchiale et caudale) ; le noyau est le centre de la pigmentation. Cette production de pigment se voit également dans les cellules de la corde dorsale, quelquefois dans les cellules nerveuses ; elle a probablement lieu dans le tube digestif et dans le foie.

Chez les Ascidies, dont nous parlions plus haut, le pigment est très développé.

Les chrysalides des lépidoptères prennent souvent des teintes brillantes, ce qui leur a valu leur nom ; les nymphes, blanches chez la plupart des Coléoptères, Diptères et Hyménoptères, se pigmentent fortement quelque temps avant l'éclosion ; nous avons vu de nombreux granules pigmentaires, fort petits, s'accumuler dans les cellules nerveuses.

Il existe donc, comme Giard l'a depuis longtemps signalé, un rapport intéressant entre la production de pigment et les métamorphoses. Ce que l'on sait actuellement sur la pigmentation rattache encore ces phénomènes à ceux de l'intoxication et de l'asphyxie.

4. **Théorie de l'arrêt physiologique.** — L'asphyxie n'est probablement pas la seule cause de la modification chimique d'où résulte l'histolyse et la métamorphose.

Constatons d'abord que certains tissus résistent parfaitement à une asphyxie qui en fait dégénérer d'autres, et que cette demi-intoxication ne les empêche pas de reprendre une plus grande activité histogénique.

Pourquoi cette réaction différente vis-à-vis du même facteur ?

Les organes qui souffrent de cette intoxication sont ceux qui ont déjà travaillé et sont peut-être épuisés ; sans faire d'hypothèse, on peut dire qu'ils ont cessé de fonctionner : on accordera que ce changement physiologique doit avoir une importance considérable. Or il est, remarquons-le, une conséquence directe du mode d'évolution de l'Insecte.

---

[1] Roux G. *De l'évolution du pigment.* Scientia. Série biol. n° 11.

Lorsque la larve a accumulé des réserves suffisantes, les glandes de la soie sécrètent : le résultat en est l'emprisonnement dans un cocon, et la conséquence, l'immobilité et la séparation d'avec l'extérieur. Les muscles, ainsi que le tube digestif, sont réduits à l'inaction ; or ce sont eux qui présentent de véritables métamorphoses.

Que s'est-il passé ? Par suite de l'arrêt de la fonction, l'équilibre chimique instable des réactions vitales est détruit ; le tissu inactif est frappé de mort, par définition. Dès lors, il est une substance inerte, mais éminemment assimilable pour les tissus voisins ; et la résorption suit de très près la régression chimique. De même, chez les vertébrés, lorsque la muqueuse de l'estomac se nécrose en quelque point, le suc gastrique des cellules voisines attaque, ulcère et dissout les éléments même qui le sécrétaient auparavant. — On peut dire qu'il se passe des faits semblables chaque fois qu'une résorption se fait dans un tissu nécrosé.

On peut donner à cette explication une tournure plus mathématique en la rattachant à l'équation (1) de Le Dantec :

$$a + Q = \lambda\, a + R \qquad (1)$$

a représentant la substance vivante capable d'assimiler, Q l'aliment (fourni par le liquide cavitaire), λ un coefficient supérieur à l'unité, et R les déchets.

Si le milieu varie légèrement, a variera parallèlement et deviendra a'

$$a + Q' = \lambda\, a' + R'$$

A' étant encore capable de rentrer dans une équation de la forme (1).

Mais si Q' varie trop fortement et devient B, par suite de l'inhibition de l'organe qui ne rejette plus les substances R, nécessaires à la constance de composition du liquide intérieur, a ne pourra plus assimiler, il ne s'adaptera plus et on aura une réaction.

$$a + B = C \qquad (2)$$

Dans ce cas, a est totalement détruit, et B agit comme substance destructive. Mais qu'est-ce que B, sinon le produit de la sécrétion interne de tous les tissus. De plus, l'observation montre que C est liquide ; or, baignant les tissus vivants, cette substance C sert à leur nutrition. On peut donc considérer que *a* est digéré et rendu assimilable par les sécrétions internes des tissus, et qu'il est détruit par lyocytose.

Nécrobiose phylogénique et nécrobiose pathologique. — La même explication est applicable à l'envahissement d'un tissu par un néoplasme quelconque. Le tissu normal est résorbé sous l'action dissolvante du tissu pathologique, sans que, souvent, il y ait inflammation.

Ainsi se trouvent reliés deux ordres de faits que Giard, dès 1876, rapportait à des causes identiques. La nécrobiose phylogénique est la régression des tissus dans un organe en voie d'évolution (digestion des cellules de réserve, résorption de tissus, métamorphose); la régression pathologique est la régression d'un tissu envahi par un néoplasme qui se développe au dépens de l'organisme. Dans la plupart des cas, cela se fait sans phagocytose : on n'en rencontre point chez les végétaux où ces phénomènes se produisent néanmoins ; le mode d'action est la lyocytose, ou digestion extracellulaire.

La loi de Geoffroy Saint-Hilaire. — Un organe dont l'utilité et l'usage vont en diminuant, s'atrophie généralement et disparaît peu à peu, après de longues suites de généralisations. Dire que le *défaut d'usage* atrophie, c'est prendre pour sujet actif une négation, quelque chose d'inexistant. En appliquant encore les idées développées précédemment, nous dirons que le tissu, ou l'organe dont l'activité physiologique diminue et cesse, passe de l'équation (1) à l'équation (2), et que les tissus et les organes actifs lui font subir une résorption progressive. Ainsi, d'une manière plus ou moins rapides, sont éliminées les non-valeurs au profit des organes véritablement physiologiques.

Les mêmes processus et les mêmes lois sont donc à la base de l'évolution phylétique comme de l'évolution ontogénique.

5. **Ethologie des métamorphoses.** — Les métamorphoses ont leur point de départ dans une modification du milieu intérieur; elles se rattachent aux développements embryonnaires en général. Mais ces modifications intérieures sont elles-mêmes en rapport avec les variations du milieu extérieur ; elles sont donc également des phénomènes d'adaptation. A ce point de vue, on peut les classer naturellement de la manière suivante :

Passage de la vie libre à la vie sédentaire ou fixée. — Les exemples en sont des plus nombreux. Mentionnons les Echinodermes dont les premiers stades du développement sont libres et pélagiques; les larves plutéus des Oursins nagent avec la plus grande activité, grâce à des organes moteurs bien développés. Lorsque se produira la métamorphose, on constatera l'immobilisation, la régression des organes du mouvement, et un bourgeonnement au dépens duquel se formera l'Echinoderme adulte. Remarquons en passant que le processus de bourgeonnement ne suffit pas à caractériser des métamorphoses, mais qu'il est contigu à ce groupe de phénomènes : une séparation absolue serait aussi inutile que factice.

On doit citer encore l'évolution des Ascidies : leur larve, en se fixant, subit une régression considérable qui lui fait perdre ses caractères de Provertébré (corde dorsale, système nerveux dorsal); la métamorphose en fait un être dont la place dans la classification a été longtemps une énigme, enfin résolue par l'embryologie.

Les mêmes causes, avec des effets analogues, se retrouvent chez les Crustacés fixés, les Cirripèdes, dont les larves Cypris, après fixation, deviennent des êtres étranges, pédonculés ou non, abrités entre des plaques calcaires, telles que les Anatifes et les Balanes.

Passage de la vie libre à la vie parasite. — Les déformations causées par ce changement d'existence sont peut-être plus considérables encore, et la régression est plus évidente. C'est le cas de la Sacculine du Crabe, de certains Copépodes et des Bopyriens. Bien que l'étude des métamorphoses internes de ces Crustacés soit à peine commencée, ce qu'on en sait fait prévoir qu'elles présenteront des phénomènes d'histogénèse et d'hystolyse intenses.

Passage de la vie aquatique à la vie aérienne. — L'exemple en est fourni par les Batraciens Anoures; mais on peut en rapprocher certains Insectes à larve aquatique, tels que les Odonates et les Ephémérides. Ici, d'ailleurs, les faits sont plus complexes; il semble bien que ces Insectes dérivent d'ancêtres aériens déjà ailés; les branchies de leurs larves ont été acquises secondairement par adaptation et d'une manière indépendante pour chaque groupe. C'est enfin par une nouvelle adaptation que ces organes disparaissent; la métamorphose n'a pas ici la même signification éthologique que celle des Holométaboliens proprement dits (Lameere).

Changement de régime alimentaire ; cas des Insectes. — Indépendamment de toute tentative d'explication, on constate que les métamorphoses sont, chez ces animaux, d'autant plus complètes et radicales, que les différences entre la larve et l'imago sont plus profondes. Or, ces différences sont en rapport avec des régimes alimentaires dissemblables et avec des adaptations variées qui en sont la conséquence. Chez les Orthoptères ou chez les Hémiptères, qui ne présentent pas, en réalité, de métamorphoses, la larve devient progressivement un adulte sans subir de variations de régime, tout au moins brusque ou considérable. Chez les Coléoptères carnassiers, dont les larves sont également chasseuses, on peut prévoir — (car cette étude n'a pas encore été faite) — que les métamorphoses internes sont réduites au minimum. Les Coléoptères à larves phytophages (Mélolonthides, Curculionides), viendront ensuite, avec les Lépidoptères et les Hyménoptères. Ces derniers ont déjà des larves apodes (au moins extérieurement), et qui ne cherchent plus elles-mêmes leur nourriture. La régression quasi-parasitaire est poussée plus loin encore chez les Diptères, où les phénomènes de métamorphoses externes et internes acquièrent la plus grande activité. Plus grand est l'écart entre la larve et l'imago, plus intense est le métabolisme.

On peut alors concevoir avec Miall (1) que le stade nymphal de repos s'est développé « par suite du contraste entre la larve dégénérée, paresseuse et vorace, et l'organisme hautement spécialisé, agile et sensitif de l'imago. L'intelligence et l'activité de la larve ont progressivement décliné, se sont exaltées chez l'imago et les deux étapes de la vie sont devenues si dissemblables, qu'elles n'ont pu être réunies que par des changements profonds, excluant à la fois la locomotion et la prise de nourriture ».

L'opposition entre les caractères larvaires et les caractères imaginaux devient même si tranchée, que l'évolution des stades larvaires ne tend nullement vers la forme définitive de l'Insecte. La première période de la vie de l'holométabolien est

(1) Miall. — *Transformations of Insects*, 1895.

consacrée à la nutrition : la larve accumule une masse énorme de matériaux qui seront utilisés plus ou moins directement pour constituer le corps de l'imago (réserves du corps gras, sécrétion salivaire). La seconde partie de l'existence est celle de la reproduction et de la dissémination de l'espèce. Développement jusque-là retardé des appendices locomoteurs, et surtout des ailes, maturation des produits sexuels ; ce sont deux phénomènes normalement concomitants. Les exceptions, dans un sens ou dans l'autre (adultes à forme larvaire du Lampyre femelle, imagos stériles des Abeilles), doivent être considérés dans le développement comme des complications surajoutées.

Hypermétamorphoses. — Le cas du *Sitaris humeralis* est un exemple fameux de ces complications ; mais le nom d'hypermétamorphoses risque de créer une confusion. Chez ces Méloïdiens, il existe trois formes de larves successives différentes, précédant la pupe et l'imago ; mais la première seule de ces larves, campodéiforme, est primitive ; les autres en sont des modifications adaptatives, et le terme de métamorphose doit être réservé au passage de l'état de pupe à celui d'imago.

6. Les métamorphoses et la loi de Fr. Müller. — Ce qui précède montre combien les métamorphoses et les adaptations dont elles sont corrélatives peuvent masquer la loi de Müller, par laquelle les formes larvaires d'un être reproduisent, en raccourci, la série phylétique de ses ancêtres. Chez les Echinodermes et les Insectes, par exemple, dont les métamorphoses sont liées à une adaptation nouvelle, spéciale, intercalaire de la larve, il serait absurde de chercher dans un pluteus ou une chenille, une forme ancestrale. « La métamorphose, dit Lameere [1], n'est point un rappel phylétique ; elle est une nouveauté *passagère* dans le développement de l'individu », exprimant par là que l'imago revient, pour ainsi dire, à une forme plus voisine du type encestral, dont l'insecte s'était momentanément écarté.

Ce type primitif, il faudrait plutôt le chercher chez les larves carnassières des Coléoptères, à forme campodéenne ; encore

---

(1) LAMEERE. — La raison d'être des métamorphoses chez les Insectes. *Ann. Soc. Entom. de Belgique*, XLIII, 1899.

ne faut-il point se dissimuler la mesure dans laquelle l'adaptation nous cache la véritable forme ancestrale, et la convergence secondaire qui peut amener une ressemblance avec l'imago.

Enfin, si l'on interroge les documents paléontologiques, on constate que les holométaboliens descendent d'ancêtres sans métamorphoses, assez voisins de nos Orthoptères, et dont la larve était plus ou moins campodéiforme. C'est là une précieuse vérification des considérations précédentes, attestant que les métamorphoses ont dû s'introduire, chez les Insectes, d'une manière secondaire et, pour ainsi dire, intercalaire.

Il est des cas, au contraire, où les métamorphoses retracent assez fidèlement la phylogénie ; cela se présente quand les modifications adaptatives ont plutôt porté sur l'adulte que sur la larve jeune. Ainsi, avec leurs métamorphoses, les Batraciens Anoures et les Crustacés fixés ou parasites retracent véritablement l'histoire de leurs origines. Ici encore, une restriction s'impose, car à tous les stades du développement, le milieu fait subir son influence modificatrice. Pour les Crustacés, par exemple, la larve Nauplius ne serait pas aussi ancestrale que le pensait Fr. Müller. Dans le même groupe, beaucoup de larves ont subi des adaptations particulières; aussi, telles de leurs transformations, que l'on a distraites du groupe des métamorphoses, pourraient-elles y rentrer à ce titre.

7. **Préformation et épigenèse.** — Quand on s'en tient à l'apparence, il semble, chez les Insectes, que l'imago soit préformée dans la nymphe ; sa brusque apparition, succédant au développement caché des derniers jours, avait jadis donné naissance à la théorie de la *préformation*. Malpighi et Swammerdam pensaient même que le papillon préexistait dans l'œuf et dans l'ovaire. Cette théorie de « l'emboîtement des germes fut même étendue à tous les animaux, et Bonnet (de Genève), crut en trouver une confirmation dans les générations parthénogénétiques des Pucerons. Dès le commencement du XIXe siècle, cette notion était combattue par Hérold ; mais ce fut surtout la connaissance des métamorphoses internes, commençant avec Weissmann, qui montra l'inanité de l'ancienne doctrine. Le microscope, dont on invoquait le contrôle, ne montra nullement la réduction, la miniature du futur être, mais bien une néo-formation et une juxtaposition d'organes nouveaux, dont l'évolution s'accompagne de modifications incessantes.

C'est en cela que consiste l'*épigénèse*, dont l'exactitude scientifique est universellement admise aujourd'hui : tout ce que nous avons décrit, dans les pages précédentes, en est la constatation.

On pourrait même remarquer que tout le développement d'un animal, à partir de sa naissance, rentre dans le cadre de l'épigénèse : un enfant n'est pas un homme préformé. Le Dantec a fait spirituellement remarquer que si l'enfant grandissait en restant semblable à lui-même, il ne deviendrait pas un homme, mais un monstre grotesque rappelant les bonshommes en baudruche que l'on gonfle à volonté. C'est ce que précise Mühlmann [1] par des graphiques qui montrent les allongements relatifs très différents dans le squelette.

Il ne faut point conclure de là que tout développement soit une métamorphose, — bien qu'à tout prendre, chaque développement s'accompagne de quelque métamorphose, au moins partielle et locale — ; mais les métamorphoses sont un exemple d'une épigénèse remarquable par l'intensité de ses phénomènes.

8. Y a-t-il substitution d'organismes ? L'économie des phénomènes physiologiques variant avec les âges du développement, on peut être tenté de considérer les principaux stades des êtres à métamorphoses comme des individualités successives. D'une manière indirecte, on revient ainsi à l'ancienne et inexacte théorie de Malpighi et de Swammerdam, qui faisaient de la chenille et du papillon deux individus différents.

Ce qui semble encore séparer ces individualités physiologiques, c'est qu'elles correspondent parfois à des stades ancestraux et qu'elles rappellent, en raccourci, des races disparues. Béard, chez les Vertébrés, montre l'existence d'un système nerveux transitoire, la présence momentanée du pronéphros, une métamérisation éphémère des myotomes, et il considère cette ontogénie comme une substitution d'organismes les uns aux autres. La même idée a été reprise par Houssay et par Ch. Pérez.

Mais Bataillon s'élève avec raison contre cette manière de voir, car elle sacrifie le principe de la continuité physiologique

(1) Biol. Centralblatt. XXI, 1901.

sans lequel les expériences biologiques n'auraient plus de sens; elle ne peut être proposée que comme un schéma. — A travers des modifications incessantes, c'est le même individu qui évolue, de l'œuf à l'adulte, et jusqu'au nouvel œuf; celui-ci donne seul un nouvel individu. La continuité physiologique est solidaire de la continuité morphologique.

9. **Générations alternantes et métarmorphoses.** — Ce sont deux phénomènes bien distincts. Il n'y a pas, en réalité de véritables générations alternantes. Prenons l'exemple du Polype et de la Méduse ; la seule génération est celle qui sort de l'œuf, et la méduse n'est qu'un organe disséminant les produits génitaux; il n'y a donc pas lieu de parler de métamorphoses.

On reste cependant frappé par l'espèce d'individualité que la Méduse acquiert par rapport au Polype, et c'est ce qui a donné naissance à la fausse notion de l'alternance. En y réfléchissant, ce n'est pas le Polype qui devient la Méduse ; qu'il s'agisse de bourgeonnement ou de strobilisation, c'est un fragment du polype, une petite masse indifférenciée de ce polype, qui s'isole et se développe en une Méduse. Comme le fait remarquer Pérez, « les différentes formes présentées par une même espèce sont réalisées dans des conditions différentes de milieu, par des ensembles distincts de plastides ; chacune d'elles représente le résultat final d'une croissance et d'une différenciation ; elle représente l'état d'équilibre relatif à telles conditions de milieu ; on peut dire qu'il y a *polymorphisme évolutif* ».

Les mêmes considérations sont applicables aux Annélides qui présentent des alternances de formes sexuées et asexuées. Le fait est peut-être plus frappant encore chez les Trématodes qui passent, au cours de leur développement, par les stades d'embryon cilié, de Sporocyste, de Rédie et de Cercaire. C'est par bourgeonnement interne que le Sporocyste produit les Rédies, et chaque Rédie, des Rédies filles ou finalement des Cercaires ; il n'y a point transformation intégrale d'un organisme en un autre ; chacun d'eux est le siège de phénomènes réguliers épigénétiques.

Toutefois, dans ces développements, on dira qu'il y a métamorphose lorsqu'il se produira des phénomènes d'histolyse ; l'alternance de formes n'implique pas qu'il y ait métabolisme, mais le métabolisme peut accompagner l'alternance de formes.

Vaney et Conte ont précisément décrit des phénomènes d'histolyse et d'histogénèse caractérisée au cours du développement de Trématodes endoparasites. Il y a donc à la fois, dans ce cas particulier, polymorphisme évolutif et métamorphose véritable.

Etendue et limites du terme métamorphose. — En un sens très large, l'évolution de tous les êtres ne serait qu'un vaste phénomène de métamorphose. Il convient donc, par commodité, de restreindre ce terme au cas où les phénomènes d'histolyse sont caractérisés, intenses et rapides : il leur correspond alors un changement notable dans le genre de vie. Mais, on le voit, ces limites ne sont pas rigoureuses, et l'étude des métamorphoses est un vaste chapitre de l'embryogénie générale.

CONCLUSIONS

I. L'histolyse intense qui accompagne la métamorphose ou la disparition d'un organe peut s'effectuer sans phagocytose : histolyse et phagocytose ne sont donc pas synonymes.

II. L'histolyse débute toujours par une régression spontanée de l'organe ; elle peut suffire à sa transformation et même à sa disparition.

III. L'intervention des leucocytes, quand elle a lieu, est toujours secondaire. Bien que réelle dans nombre de cas, elle ne se manifeste pas forcément, même alors, par de la phagocytose. Le rôle de celle-ci, chez les Insectes, semble assez restreint, en fréquence comme en importance.

IV. La dissolution des tissus mortifiés dans le liquide cavitaire peut être interprétée comme une sorte de digestion par les humeurs de l'organisme (lyocytose).

V. Même chez les Insectes à métamorphoses dites complètes, tous les organes ne subissent pas nécessairement le contrecoup du métabolisme. Ceux-là seuls sont transformés, qui correspondaient à une adaptation larvaire ; les autres achèvent leur évolution momentanément retardée.

VI. Ce qui détermine la métamorphose ce n'est pas l'intervention leucocytaire, ni une crise de maturation génitale, ni le développement de tel autre organe. Ces faits sont, au contraire, la conséquence de la métamorphose.

VII. La métamorphose a pour cause immédiate un changement biologique (arrêt de nutrition, de locomotion, etc.) qui modifie l'équilibre chimique des réactions intra-organiques. Des phénomènes asphyxiques, comme conséquence, se manifestent aussitôt, et déterminent alors les processus de l'évolution métabolique.

ÉVREUX, IMPRIMERIE DE CHARLES HÉRISSEY

www.ingramcontent.com/pod-product-compliance
Ingram Content Group UK Ltd.
Pitfield, Milton Keynes, MK11 3LW, UK
UKHW020203200726
13856UKWH00003B/1175

9 782013 539180